열 살 전에, 더불어 사는 법을 가르쳐라

열 살 전에,
더불어 사는 법을 가르쳐라

| 이기동(성균관대 유학·동양학과 교수) 지음 | 이원진 엮음 |

건는나무

다른 사람과 함께 살아갈 줄 아는
아이가 행복합니다

걱정입니다. 참으로 걱정입니다. 무거운 짐을 진 듯 무거운 가방을 메고 어깨가 축 늘어져 걸어오고 있는 어린이들을 볼 때, 밤늦도록 학원을 돌아다니느라 맥이 다 빠진 어린이들을 볼 때, 우리말도 제대로 못하는 어린 나이에 영어 공부를 하느라 정신을 못 차리는 아이를 볼 때, 너무나 애처로워 마음이 아픕니다.

안타깝습니다. 참으로 안타깝습니다. 새벽같이 일어나 자식들 도시락을 싸고 집에서 학교로, 학교에서 학원으로, 학원에서 다시 집으로 아이를 실어 나르고, 주말에는 입시 설명회다 학습 커뮤니티다 부모 모임에 참석하느라 정작 자신을 돌볼 시간은 한 시간도 없는 엄마들을 볼 때, 너무나 마음이 아픕니다.

지금 세상은 경쟁에서 이기는 것이 전부인 것처럼 돌아가고 있습니다. 죽도록 경쟁하게 만들고 1등만이 가치 있는 것이라고 생각하게 만듭니다. '남이야 불행하든 말든 나의 이익만 챙기면 된다'는 생각이 마치 진리처럼 떠받들어지고 있습니다. 무엇보다 가슴 아픈 것은 오늘날 가장 치열한 경쟁 속에 던져진 사람들이 바로 부모와 아이들이라는 사실입니다.

명문대에 진학할 때까지 아이들에게는 쉬는 시간이 없습니다. 아침부터 밤까지 학교와 CCTV가 설치된 학원을 오가며 입시 준비를 하고, 초등학교 2학년 아이가 하루에 서너 군데 학원에 다니며 성적 고민을 합니다. 그렇게 시험 성적을 고민하면 자연스럽게 따라오는 것이 바로 경쟁에 대한 부담입니다. 심지어 요즘은 유치원에 다니는 아이들도 '아, 스트레스 받아'라고 푸념한다고 합니다. 그러나 칭찬받는 것, 나아가 이기는 것이 목적인 경쟁은 각자의 발전을 추구하는 방향으로 흘러가지 않습니다. 경쟁이 치열해질수록 아이들은 순수성을 상실하고 오직 남에게 지지 않기 위해 노력할 뿐입니다.

친구가 시험 범위를 물어보면 대부분의 아이들이 '모른다'고 대답한다고 합니다. 그 아이가 시험을 잘 보면 내 등수가 떨어질지도 모르기 때문입니다. 그래서 친구 성적이 떨어지면 겉으로는 위로를 하지만 속으로는 기뻐합니다. 반대로 친구 성적이 오르면 겉으로는 축하지만 속으로는 실망합니다. 친구가 아니라 이겨야 할 경쟁자인 것입니다. 그러면 누군가와 함께 있는 것이 전혀 즐겁지 않고 피곤한 일이 됩니다.

그러나 다른 사람과 즐겁게 일할 줄 모르고 조화롭게 어울릴 줄 모르는 사람은 무늬만 1등일 뿐 진짜 성공을 이룰 수 없습니다. 세상은 온갖 종류의 사람들이 함께 살아가는 곳입니다. 수많은 다른 사람들과 경쟁도 하고 협력도 하면서 살아가야 합니다.

그런데 경쟁에만 치중했던 아이나 모든 것을 부모가 시키는 대로 했던 아이, 또는 자기가 원하는 것을 모두 손에 넣었던 아이는 다른 사람들을 이해하지도 못하고 관계를 맺는 일에 스트레스만 받습니다. 혼자 하는 일은 곧잘 하지만 함께하는 일에서는 늘 문제를 일으킵니다. 이런 사람은 학교에서는 우등생일 수 있지만 정작 사회에서는 살아남을 수 없습니다.

역사학자 유발 하라리는 한 매체와의 인터뷰에서 이렇게 말했습니다. "현재 학교에서 가르치는 80~90퍼센트는 아이들이 40대가 됐을 때 전혀 쓸모없을 확률이 크다. 어쩌면 수업 시간이 아니라 휴식 시간에 배우는 것들이 나이가 들었을 때 더 쓸모 있을 것이다."

세상이 빠르게 변하고 있습니다. 어쩌면 지금 우리 아이들은 인공지능 컴퓨터와 일자리를 가지고 경쟁해야 할 첫 세대가 될지도 모릅니다. 그 아이들에게 필요한 것은 무엇일까요? 한 가지 확실한 것은 부모 세대가 그랬던 것처럼 많은 지식을 머릿속에 암기하는 것은 아닐 것이라는 사실입니다.

구글의 슈퍼컴퓨터 알파고와 바둑기사 이세돌의 경기가 끝나던 날, 많은 언론 매체들이 인공지능 컴퓨터가 대체하게 될 인간의 미래에 관한 기사들을 쏟아 냈습니다. 육체노동 같은 힘든 일이나 매뉴얼이 정해진 서비스 업무 같은 비교적 단순한 일이겠지 하는 예상과는 달리 판사, 변호사, 의사, 기자, 애널리스트 등이 그 대상이었습니다. 많은 정보를 수집하고 분석해서 정해진 원칙에 따라 결론을 내리는 것은 인공지능이 충분히 대체할 수 있는 능력이기 때문입니다. 그런 면에서 볼 때 지금 우리가 하고 있는 시험 위주 교육은 인공지능에 대체될 능력을 기르는 것과 다를 바 없습니다. 즉, 지금 공부 잘하는 아이들이 오히려 아무 것도 할 게 없는 미래를 맞을 수 있다는 말입니다. 부모들이 안전하다고 믿었던 길, 안정적이라고 생각했던 길은 점점 사라지고 있습니다.

어떻게 변할지 예측할 수 없는 미래를 살아가기 위해서는 다른 사람들의 마음을 읽을 수 있어야 합니다. 사람들이 어떤 것에 관심을 갖는지 궁금해해야 하고 그들의 마음을 먼저 헤아리고 필요로 하는 것을 파악할 줄 알아야 합니다. 사회성은 바로 이런 호기심과 안목을 길러 줍니다.

사람들은 때때로 혼자서도 얼마든지 잘 살아갈 수 있다고 착각을 합니다. 하지만 세상에 혼자 할 수 있는 일은 거의 없습니다. 조직 생활이 맞지 않아 혼자 독립을 한다고 해도 관계를 맺는 방식만 다를 뿐 다른 사람들과 협력하며 일해야 합니다. 혼자 장사를 해도 손님이 있어야 하고, 혼자 공부를 해도 그 공부를 써먹을 수 있는 조직과 사람이 필요합니다. 또한 아무리 출중한 능력을 가졌다고 해도 혼자서 아등바등하는 사람의 성과는 여러 사람이 협력해서 얻은 성과보다 작을 수밖에 없습니다. 그러니까 높은 성적을 받는 것보다 좋은 친구, 좋은 이웃, 좋은 동료를 만드는 일이 훨씬 더 중요하다는 말입니다.

이런 능력을 기르는 방법은 하나뿐입니다. 인간관계 속으로 들어가 더불어 살아가는 방법을 배워야 합니다. 한때 공부를 못했던 사람도 성공한 사례는 많습니다. 명문 대학을 나오지 않아도 나중에 큰 성공을 거머쥔 사람들도 많습니다. 하지만 다른 사람에게 무관심하고 자기 이익만 챙기는 사람은 성공하지 못합니다. 고장 난 시계도 하루에 두 번은 시간이 맞는 것처럼 어쩌다 성공을 할 수는 있겠지만 그 성공이 오래 유지되거나 여러 번 찾아오지는 않습니다. 그러므로 성공하는 아이로 키우고 싶다면 친구를 적으로 여기고 경쟁할 것이 아니라 타인에게 관심을 갖고 이해하려고 노력하는 아이로 만들어야 합니다. '친구는 대학 가서 사귀라'는 것은 12년 학교생활 이후의 아이 인생을 실패와 좌절 속에 빠뜨리는 일입니다.

사회성은 타고나는 재능이 아닙니다. 부모의 말과 행동을 통해, 그리고 다른 사람과의 교류를 통해 배우는 것입니다. 흔히 외동 자녀를 둔 부모들은 아이가 사회성이 없을까 봐 걱정을 많이 합니다. 형제자매가 많은 아이들은 싫든 좋든 다양한 기질과 성격을 가진 사람들과 함께 지내며 싸우기도 하고 화해도 하면서 인간관계를 경험하지만, 외동인 아이들은 그럴 수 없기 때문입니다. 그래서 자녀가 외동이거나 둘뿐인 경우에는 특히 사회성을 기르기 위한 부모의 노력이 필요합니다. 먼저 부모와 돈독한 애착 관계를 쌓아 세상과 타인에 대한 신뢰를 갖게 하고, 다른 가족들과 친구 관계를 통해 다른 사람을 이해해 보는 경험을 충분히 시켜 주어야 합니다. 열등감 없는 아이로 키우겠다는 이유로 아이의 요구를 무조건 수용하고, 내 아이 혼자만 잘 되게 보살피는 것은 진정 아이를 위한 사랑이 아닙니다.

실패를 딛고 일어서는 힘, 낯선 문화에 적응하는 힘, 의견이 맞지 않는 사람과 협력할 수 있는 힘, 욱하지 않고 자기 의견을 말할 수 있는 힘은 모두 사회성에서 나옵니다.

공자의 핵심 사상은 '인(仁)'입니다. 인(仁)은 사람(人)과 둘(二)을 합한 글자입니다. 사람(人)이 하나가 아니고 둘(二)이라는 뜻입니다. 공자는 '인'이 무엇이냐는 제자의 물음에 '사람을 사랑하는 것이다'라고 대답했습니다. 그리고 '지(知)'는 무엇이냐는 질문에는 '사람을 아는 것이다'라고 말했습니다. 사람을 사랑하고 아는 것이 인생을 살면서 실천해야 할 중요한 가치라는 말입니다.

공자의 말에서 유추할 수 있는 것처럼, 아이의 인생을 결정짓는 가장 큰 요소는 더불어 사는 능력, 즉 '사회성'에 있습니다.

사회성은 공동체에 적응하며 다른 사람과 조화롭게 살아갈 수 있는 능력입니다. 사회성이 있는 사람은 내가 소중한 만큼 다른 사람도 소중하다는 사실을 압니다. 자신의 상황과 처지만 내세우지 않고 다른 사람의 마음을 헤아리고 협력합니다. 그런 사람에게는 좋은 사람들이 모여듭니다.

과목당 수백만 원이 넘는 고액 과외를 시키는 부모들, 또는 진학률이 높은 명문 학교에 입학시키기 위해 위장 전입이나 뇌물도 마다하지 않는 부모들의 빗나간 사랑에 대한 언론 기사를 볼 때면, 아이 성적에만 집착하게 만드는 이 사회가 안타깝기만 합니다. 그런 방식으로는 자녀 교육에 성공할 수 없습니다. 공부만 잘하는 아이보다는 규칙을 잘 지키면서도 독립심이 있는 아이, 친절하고 사려 깊으면서도 자기주장을 할 줄 아는 아이, 다른 사람의 처지나 주변 분위기와 상황을 잘 고려해서 결정을 내릴 수 있는 아이, 마음이 따뜻하고 유머 감각이 있는 아이가 되도록 이끄는 것이 진정 아이의 미래를 생각하는 자녀 교육일 것입니다. 그래야 남을 밟고 일어서는 괴로움 없이 행복하게 성공할 수 있기 때문입니다. 이 책이 그런 마음으로 아이를 키우고 있는 부모들에게 좋은 길잡이가 될 수 있기를 간절히 바랍니다.

이기동

차례 |

1장

혼자 노는 아이는 결코 성공할 수 없다

10년 후, 혼자 노는 아이는
결코 살아남지 못한다

속히 하려고 하지 말고, 작은 이익을 보려고 하지 말아야 한다.
속히 하려고 하면 도달하지 못하고,
작은 이익을 보려고 하면 큰일을 이루지 못한다.

– 《논어》, 자로 편 17장

아프리카 속담에 "빨리 가려면 혼자 가고 멀리 가려면 함께 가라"는 말이 있습니다. 맹수들이 우글거리는 정글과 사막에서 살아남으려면 등 뒤를 지켜 줄 친구가 필요하다는 뜻에서 나온 말이라고 합니다. 어쩐지 이 말은 우리 인생에 더 적합해 보입니다. 인생도 정글과 사막, 맹수와 같은 위험 요소가 곳곳에 존재하는 긴 여정이기 때문입니다. 그런데 이제 막 멀고 긴 인생길에 들어선 아이들에게 '너 혼자만 빨리 가라'고 다그치는 부모들을 우리는 자주 목격합니다. 친구는 길동무가 아니라 경쟁자이고 경쟁에서 이기지 못하면 성공할 수 없다고 말입니다.

그러잖아도 등수 경쟁을 벌이는 아이들에게 부모의 이런 다그침은 반드시 이겨야 한다는 부담감을 안겨 줍니다. "잘했어요" 도장을 받은 아이는 "참 잘했어요" 도장을 받은 아이에게 경쟁의식을 느끼고, "참 잘했어요" 도장을 받은 아이는 선생님에게 더 칭찬받는 아이에게 경쟁의식을 느낍니다. 그러나 경쟁이 치열해질수록 아이들이 간절히 바라는 것은 자기가 더 잘해서 이기는 게 아니라 다른 아이가 자기보다 못하는 것입니다. 죽어라 열심히 공부한다 해도 등수가 오를지 떨어질지는 알 수 없지만, 다른 아이의 성과를 깎아내리면 확실하게 이길 수 있다고 생각되기 때문입니다.

함께 일할 줄 모르는 1등은 꼴찌보다 못하다

친구가 적이 되는 삭막하고 불행한 인생을 아이에게 주고 싶은 부모는 없을 것입니다. 그러나 지금 당장 미친 듯이 경쟁을 부추기는 사회를 바꿀 수도 없는 노릇입니다. 좋은 성적을 받아야 좋은 대학에 가고 대기업에 취직해 안정된 삶을 누릴 수 있을 것이라는 고정 관념이 끝없이 부모를 불안하게 만듭니다. 그러다 보니 많은 부모가 마음속으로는 진정으로 아이를 위하는 길이 무엇인지 고민하면서도 매일같이 성적 때문에 아이와 전쟁을 치르고 있습니다.

아이에게 공부 습관을 들이는 일은 중요합니다. 그리고 시험 성적을 잘 받는 일도 분명 필요합니다. 하지만 시험을 망치면 내 인생도 실패라고 생각할 정도로 성적과 등수에 매달려서는 안 됩니다. 그러면 오히려 아이는 공부와 멀어집니다. 공부하는 것이 고통이자 괴로움이기 때문입니다.

그리고 무엇보다 시험을 위한 공부는 아이를 조급하게 만듭니다. 생각하지 않고 정답을 외워 버리고 친구들과 함께 공부하기보다 몰래 혼자 공부하며, 남보다 조금이라도 더 앞서가는 데만 신경을 쓰게 만듭니다. 만약 우리가 누군가를 앞지르기 위해 달리기를 한다면 잠시 나무 그늘 아래에서 쉬어 가는 것도 사치스럽게 느껴질 것입니다. 또 다른 사람을 돕거나 새로운 길을 찾아보려는 시도는 시간 낭비라고 생각할 게 뻔합니다.

누군가 나보다 좋은 성적을 받으면 내 등수는 떨어질 수밖에 없고, 누군가 합격하면 내가 불합격할 확률이 높아질 수밖에 없습니다. 그래서 협력보다는 경쟁, 공유보다는 독점, '우리'가 아니라 '나'만을 위한 것이 더 가치 있다고 여기는 자기밖에 모르는 사람이 되는 것입니다. 그런 사람이 과연 성공할 수 있을까요?

취업 선호도 상위 10위 안에 드는 대기업들이 밝힌 바에 의하면 채용 과정에서 '타인과 마찰을 일으키지 않고 조직에 적응할 수 있는 사람인가 아닌가'를 판단하는 심층 면접의 비중이 점점 더 높아지고 있다고 합니다. 남을 이기는 것만 중요하게 생각하는 사람은 늘 자신만 돋보이려고 하며 협업을 방해하기 때문입니다. 이 말을 뒷받침이라도 해 주듯 늘 경쟁에서 이겨 온 똑똑한 사람들이 모인 집단이 얼마나 어리석을 수 있는지를 보여 주는 사례가 있습니다. 바로 '아폴로 신드롬(Apollo Syndrome)'이라는 현상입니다.

《팀이란 무엇인가》를 쓴 경영학자 메러디스 벨빈의 연구에 의하면, 똑똑한 사람들로 구성된 팀이 게임에서 승리하는 것이 당연해 보이지만 결과는 항상 꼴찌였다고 합니다. 모이기만 하면 자신의 생각을 상대에게 설명하느라 끝없이 논쟁만 벌이기 때문입니다. 그들은 하나같이 자신의 주장이 옳다는 것을 증명하기 위해서 상대의 허점을 찾는 데 혈안이 되어 있었습니다. 누구도 설득당하지 않았고 누구도 양보하지 않았습니다. 결국 아폴로팀은 긴급한 일조차 일치된 결론을 내리지 못하고 매번 시간만 허비했다고 합니다.

성공하는 사람들은 재능이 뛰어나고 많은 지식을 가진 잘난 사람들이 아닙니다. 66년간 하버드 대학 졸업생 268명을 추적 조사한 결과, 학벌과 성적은 그 사람의 성공과 행복에 아무런 영향을 미치지 못했습니다. 졸업생 중에서도 목표를 이루고 행복한 삶을 산 사람들은 하나같이 안정되고 신뢰 깊은 인간관계를 맺고 꾸준히 타인과 교류하며 사는 사람들이었습니다. 성적이 떨어졌을 때, 원하는 대학에 가지 못했을 때, 취직 시험에서 떨어졌을 때, 아무런 준비 없이 권고사직을 당했을 때, 갑자기 회사가 망했을 때, 인간관계가 틀어졌을 때, 열정을 다한 일이 실패했을 때 갖는 좌절감과 열등감에서 우리를 다시 일으켜 세워 주는 것은 스스로 가치 있다고 믿는 자존감과 그런 자신을 믿어 주는 주위 사람들입니다. 뛰어난 머리보다는 따뜻한 가슴이 돌발 상황으로 가득한 예측할 수 없는 인생을 헤쳐 나가야 하는 아이들에게 훨씬 더 필요한 것입니다.

10년 후 세상을 살아가게 될 아이를 위한 준비

올해 초 세계 경제 포럼에서 발표된 〈직업의 미래〉라는 보고서에 의하면 '2016년 초등학교에 입학하는 아이들의 65퍼센트는 현재 존재하지 않는 직업에 종사하게 될 것'이라고 합니다. 인공지능, 로봇 공학, 3D 프린팅, 바이오 기술 등 새로운 기술들이 인간이 하던 많은 업무들을 대신할 것이라는 말입니다. 뿐만 아니라 지금으로부터 4년 뒤인 2020년까지 710만 개의 일자리가 사라지고 그 빈자리에 200만 개의 일자리만이 새로 만들어질 것이라고 합니다. 심지어 앞으로는 그 일 가운데 절반 이상을 로봇과 경쟁해야 합니다. 이미 미국 IBM의 인공지능 슈퍼컴퓨터 왓슨은 암을 진단하고 치료하는 일에 활용되고 있는데, 폐암 진단에서 인간 의사가 50퍼센트의 정확도를 보인 반면, 왓슨은 90퍼센트 이상 정확한 진단으로 사람들을 놀라게 했습니다.

열심히 공부해서 명문 대학을 나오면 괜찮은 직업을 갖고 안정적인 미래를 만들 수 있다는 말이 당연한 이야기가 아닌 세상이 오고 있습니다. 이제 우리 아이들은 학벌이 좋든 나쁘든, 돈이 있든 없든 상관없이 누구나 일자리를 걱정해야 하고 어떤 기술이 세상을 선점할지 예측할 수 없는 상황에서 무언가를 이루어 내야 합니다.

이런 불확실한 미래를 대비하는 힘은 똑똑한 머리와 화려한 스펙에서 나오는 것이 아닙니다. 변화의 흐름을 감지하고 그에 반응하는 사람들의 마음을 헤아려 그 시대에 필요한 것을 한발 앞서 만들어 내려는 자세에서 나옵니다.

미국의 벨 연구소는 1년에 1~2개의 특허를 내는 과학자와 수십 개의 특허상을 받는 과학자들 사이에 어떤 차이가 있는지를 연구했습니다. 두 그룹의 과학자들 모두 인지 능력이 뛰어났고 연구에 대한 열정과 성실함도 서로에게 결코 뒤지지 않았습니다. 그런데 특허를 많이 내는 그룹의 과학자들에게는 다른 것이 하나 있었습니다. 그들은 연구실에 틀어박혀 혼자 실험하지 않았습니다. 난관에 부딪힐 때마다 다른 사람과의 교류를 통해 해법을 찾아냈습니다. 의미 없이 주고받는 농담에서 힌트를 얻기도 하고, 다른 사람의 연구 방식과 자신의 연구 방식을 접목해 전혀 새로운 방법을 발견하기도 했습니다. 기계적으로 연구만 하는 것이 아니라 타인과의 상호작용을 통해 더 큰 성과가 발휘 됐던 것입니다.

수천 년간 생명을 이어 온 종들은 강하고 똑똑한 종이 아니었 습니다. 변화에 민첩하게 대응한 종이었습니다. 변화에 민첩하 게 대응하기 위해서는 지금 내 주위에서 어떤 일들이 벌어지고 있는지 알아야 합니다. 그리고 다른 사람이 어떻게 반응하고 대 처하는지 관심을 가져야 합니다.

그것은 타인에 대한 순수한 호기심과 호감이 있어야 가능한 일입니다. 부디 아이가 한쪽 눈을 가리고 세상을 보지 않기를 바 랍니다.

자신 있게 세상을
살아가게 하는 힘, 정서 지능

배우기만 하고 생각하지 않으면 답답하고,
생각만 하고 배우지 않으면 위태롭다.

－《논어》, 위정 편 15장

아이의 성공 잠재력을 이야기할 때 빠지지 않고 등장하는 실험이 하나 있습니다. 바로 '마시멜로 실험'입니다. 1966년 스탠퍼드 대학의 월터 미셸 박사는 유치원생 653명에게 마시멜로를 하나씩 준 뒤 15분 동안 먹지 않고 견디면 마시멜로를 하나 더 주겠다고 약속했습니다. 그 결과 전체 아이들의 30퍼센트가 유혹을 견뎌 냈습니다. 그런데 이 실험이 전 세계에 충격을 준 것은 그로부터 15년이 흐른 뒤의 연구 결과 때문입니다.

15년이 지난 뒤 연구 팀이 당시 실험에 참가했던 아이들을 추적 조사한 결과 마시멜로의 유혹을 견딘 아이들이 그렇지 않은 아이들보다 대학 입학시험(SAT) 결과가 훨씬 좋았던 것입니다. 뿐만 아니라 45년이 흐른 뒤에는 유혹을 견딘 아이들이 비교적 '성공한 삶'을 살고 있는 반면, 그렇지 않은 아이들은 고도 비만 이나 약물 중독, 사회부적응 같은 문제들을 안고 살아가고 있었 습니다.

실험에 참가한 아이들 모두 마시멜로를 좋아한다고 가정했을 때, 유혹을 견뎌 낸 행동은 스스로의 욕구를 절제할 수 있는 능 력이 있음을 의미합니다. 다시 말해 마시멜로 실험은 충동적인 욕구를 절제할 수 있는 사람이 그렇지 못한 사람에 비해 풍요롭 고 성공적인 인생을 살 확률이 높다는 것을 말해 주는 것입니다.

불안을 이기는 힘, 정서 지능

————————————————————————— 스스로 욕구를 절제하는 힘은 어 디에서 나오는 것일까요? 초등학교도 들어가지 않은 어린아이 가 좋아하는 음식을 눈앞에 두고도 나중에 받을 보상을 위해 먹 는 기쁨을 잠시 미룰 수 있는 힘은 어떻게 기를 수 있을까요?

심리학자 피터 샐로베이와 존 메이어는 그 힘이 바로 정서 지 능(Emotional Intelligence)이라고 말합니다.

정서 지능은 말 그대로 인간이 느끼는 다양한 감정들을 조절 하는 능력입니다. 삶은 기쁨, 슬픔, 분노, 사랑, 불안, 질투, 미움,

우울, 고통, 허무, 절망, 중압감, 긴장감 등과 같은 다양한 감정들로 둘러싸여 있습니다. 그리고 우리는 매 순간 그 감정들에 엄청난 영향을 받으며 살아갑니다. 사랑, 행복, 설렘 같은 따뜻한 감정이 마음을 지배할 때는 자기 자신은 물론 타인에 대한 시선이 관대해지고 세상이 아름답게 보이지만 미움, 분노, 슬픔 같은 부정적인 감정에 사로잡혀 있을 때는 세상 모든 사람이 적으로 보이고 삶이 불행하게만 느껴집니다. 또 불안, 두려움, 중압감에 빠지면 새로운 관계를 맺거나 새로운 일을 시작하지 못하고 머뭇거리다 결국은 포기하게 됩니다. 즉 어떤 감정이 마음을 채우고 있느냐에 따라 상황을 바라보는 관점과 행동이 달라진다는 뜻입니다.

정서 지능은 이렇게 순간적으로 우리의 몸과 마음을 지배하는 감정들이 인생을 망치지 않고 긍정적인 방향으로 나아갈 수 있도록 조절하는 나침반 같은 역할을 합니다. 문제는 그 나침반을 제때, 그러니까 인간의 성격이 70퍼센트 가까이 완성된다는 초등학교 때까지 발달시키지 않으면 나중에 바로잡기가 어렵다는 사실입니다.

인생에 '슬픔이'가 필요한 이유

아이는 어른보다 감성이 풍부

합니다. 그래서 더더욱 자기감정에 민감하게 반응합니다. 또 어떤 감정에 사로잡혔을 때 그것을 조절하고 통제하는 능력이 어른보다 서툴기 때문에 부정적인 감정이 주는 충격으로부터 스스로를 지켜 낼 힘이 없습니다. 갓난아이는 엄마의 무표정한 얼굴을 3분만 보여 줘도 심각한 위기감을 느낀다고 합니다. 또래 친구들이 자신을 싫어할까 봐 두려워하는 아이는 친한 친구가 다른 아이와 매점에 가는 모습만 봐도 우울해하고, 성적에 대한 압박감이 큰 아이는 등수가 떨어지면 자신은 살 가치가 없는 존재라고 스스로를 비하합니다. 만약 어린 시절에 이런 감정들을 자주 느끼게 된다면 타인과 세상을 신뢰하지 못합니다. 그리고 삶은 힘들고 외로운 것이라는 우울한 생각에 사로잡히고 맙니다. 그런 악순환을 끊어 내고 감정을 조절하는 법을 배우기 위해서는 부모가 아이의 감정에 공감하며 감정이 응어리지지 않도록 풀어 주어야 합니다.

흔히 많은 아이들이 감정 표현에 대해 배울 때 부정적인 감정은 감춰야 한다고 배웁니다. 분노나 화가 울컥 치밀어 오를 때는 재빨리 억눌러 겉으로 드러나지 않게 해야 한다고요. 그러나 오히려 이런 감정일수록 있는 그대로 표현하는 것이 중요합니다. 물론 폭력적인 말이나 행동으로 상대에게 상처를 주는 정도까지 가서는 안 됩니다.

본래 분노는 뭔가를 알고자 하는 감정일 뿐 그 자체가 폭력은 아닙니다. 왜 이런 일이 일어났는가에 대한 강한 의구심에 대해 해답을 찾고자 하는 감정입니다.

옛말에 원망은 과거에 대한 슬픔이며, 근심은 미래에 대한 슬픔이라고 했습니다. 그러니까 마음속에서 걱정, 우울, 원망, 두려움 같은 슬픈 감정들이 생긴다면 무언가가 잘못되고 있다는 증거입니다. 즉 부정적인 감정들은 우리 뇌가 나 자신을 보살피라고 보내는 신호와 같습니다. 그럴 때 우리는 감정을 억누르는 대신 잘못된 것을 바로잡고 자기 마음을 챙겨야 합니다.

영화 〈인사이드 아웃〉에는 사람의 머릿속에 존재하는 감정 컨트롤 본부가 등장합니다. 그곳에는 주인공 라일리의 하루를 책임지고 있는 다섯 감정들, '기쁨이', '슬픔이', '버럭이', '까칠이', '소심이'가 살고 있습니다. 감정들의 대장인 기쁨이는 라일리가 언제나 밝고 씩씩하고 행복해야 한다고 생각합니다. 그래서 슬픔이가 본부에 나타날 때마다 제발 아무것도 하지 말고 얌전히 있어 달라고 부탁합니다.

그러던 어느 날 도시로 이사 온 라일리가 낯선 환경에 적응하지 못하는 '나쁜 일'이 일어납니다. 설상가상으로 기쁨이와 슬픔이가 장기 기억 속으로 빨려 들어가는 바람에 본부는 엉망이 되고 맙니다. 상냥하고 활기찼던 라일리는 험상궂은 얼굴로 화만 내는 불만 가득한 아이가 됐고, 급기야 가출을 감행합니다.

처음에는 이 모든 일들이 기쁨이가 사라졌기 때문인 것처럼 보였습니다. 그런데 진짜 원인은 슬픔이의 부재에 있었습니다. 라일리는 낯선 환경에 적응하는 일이 너무나 힘든데 솔직하게 슬픈 마음을 표현할 수가 없어서 계속 화를 내고 반항했던 것입니다.

슬픈 일을 이겨 내는 방법은 무조건 힘내라고 응원을 받는 것도, 잊어버리는 것도 아닙니다. 사랑하는 사람에게 슬픈 감정을 털어놓고 위로받고 이해받을 때, 사람은 진정 어린 사랑을 받고 있다는 사실을 확인하고 나쁜 일을 이겨낼 힘을 얻습니다. 무조건 슬픈 마음을 꾹꾹 눌러 삼키면 언젠가는 돌덩이처럼 커져서 사소한 일에도 마음을 다칠 수 있습니다. 눈물을 보이면 안 된다고 생각하는 기쁨이에게 슬픔이는 말합니다.

"눈물은 마음을 진정시켜 줘. 그리고 나에게 닥친 심각한 일들을 이겨 낼 수 있게 해."

슬픈 감정일수록 더 자세히 들여다봐야 합니다. 단순히 '화가 났다'가 아니라 누군가 나보다 잘해서 질투가 난다거나 아무리 노력해도 달라지는 게 없어서 지친다, 보기 싫은 사람을 계속 봐야 해서 짜증이 난다, 아무도 내 마음을 알아주지 않아 외롭다, 억울하다 등 섬세하게 자신의 감정을 표현할 줄 아는 아이는 그것을 어떻게 해결해야 하는지도 스스로 찾아냅니다. 단, 이것은 부모가 아이의 감정에 관심을 갖고 존중하고 공감해 줄 때 가능한 일입니다.

자기감정을 읽어 내고 조절할 줄 아는 아이는 공부도 잘합니다. 다른 사람이 시켜서가 아니라 스스로 공부하는 이유를 찾기 때문입니다.

한때 지능 지수, 즉 IQ(Intelligence Quotient)가 아이의 가능성을 판별하는 가장 확실한 기준처럼 여겨지던 때가 있었습니다. 지능 지수가 높으면 무조건 공부를 잘하고 낮으면 노력해도 소용없다는 말이 사실처럼 여겨질 정도였습니다. 그러나 지능 지수는 아이가 학교 수업을 이해할 수 있는가 없는가를 판단하는 기준은 될 수 있지만, 어떤 아이가 공부를 잘하고 원하는 목표를 이룰 수 있는가를 증명해 주는 기준은 아닙니다. 그것은 지능 지수가 아니라 정서 지능에 달려 있기 때문입니다.

한글을 빨리 깨치고, 영어 단어를 잘 외우고, 계산이 빠르고 하는 것들은 공부를 할 때 도움이 될 수는 있지만 공부를 하게 만들어 주지는 않습니다. 수학 문제를 푸는 데는 도움이 되지만, 수학 문제를 풀기 위해 공부방에 들어가도록 동기 부여를 해 주지는 않는다는 말입니다. 동기 부여가 되지 않은 상태에서 문제를 푸는 기술만 늘리려고 하면 공부는 지겨워집니다. 이유를 모르고 일을 할 때 능률이 오르지 않고 일에 대한 호기심과 열정이 생기지 않는 것처럼, 왜 공부를 해야 하는지 알지 못하고 하는 공부나 원리를 이해하지 못하고 암기하는 문제는 조금만 어려워져도 흥미를 잃고 포기하게 됩니다.

공부를 잘하는 아이들은 자신이 세운 목표를 달성하기 위해 공부를 합니다. 행복한 어른이 되고 싶은데 그러려면 좋아하는 일을 해야 하고 그 일을 하기 위해서는 이만큼 공부를 해야 한다는 생각으로 책을 펼칩니다. 그래서 스마트폰을 이용하는 시간을 스스로 제한하고 친구들과 더 놀고 싶어도 숙제를 하기 위해 집으로 돌아옵니다. 나 자신을 위해 공부하기 때문입니다. 그러나 강제나 보상 때문에 공부하는 아이들은 부모를 기쁘게 하기 위해, 선생님의 기대에 부응하기 위해 공부합니다. 그렇기 때문에 시간이 흐를수록 더 큰 통제와 보상을 필요로 합니다.

물론 아이들이 어릴 때는 공부 습관을 잡아 주는 어느 정도의 강제와 보상이 필요합니다. 그러나 무조건 책상 앞에 앉혀 둔다고 해서 공부를 하는 것은 아닙니다. 왜 싫어하는지, 어떤 것이 싫은지 대화를 통해 부모가 아이의 기분을 알아주고 공감하면서 조금씩 공부에 흥미를 붙일 수 있도록 도와주어야 합니다.

스스로 공부할 이유를 찾은 아이는 공부가 힘들지 않다

2000여 년 전 공자의 가르침이 왜 아직도 사람들에게 깨달음을 주는 걸까요? 공자는 자신의 생각을 제자들에게 주입하지 않았습니다.

그 대신 스스로 문제를 깨달을 수 있는 질문을 던졌습니다. 답을 알려 주고 익히게 하는 게 아니라 끝도 없는 질문과 토론을 통해 고정 관념을 깨뜨리며 생각의 폭을 넓히고 진리에 가까이 갈 수 있도록 도와주었습니다.

다가올 인공지능 시대에 더욱 중요한 것 역시 바로 '스스로 문제를 찾아내는 능력'입니다. 우리는 불과 5년 뒤의 세상도 예측할 수 없습니다. 그렇기 때문에 지금 시대의 지식을 주입식으로 가르치는 것보다 아이들이 스스로 배우는 법을 터득하는 것이 중요합니다.

문제의 난이도가 올라갈 때마다 공부에 흥미를 잃는 아이와 반드시 내 힘으로 답을 찾고야 말겠다는 투지를 불태우는 아이. 두 사람 중 누가 더 꾸준히 공부할까요? 또 어느 쪽이 더 공부 효과가 클까요?

하기 싫지만 해야 하는 일을 하게 만드는 힘, 힘들고 어려운 일에 도전해 보려는 용기, 나중에 더 큰 즐거움을 위해 지금 가질 수 있는 작은 쾌락을 거절할 수 있는 힘은 모두 정서 지능에서 나옵니다. 그러니 아이가 공부 잘하기를 바란다면, 단어 하나를 더 가르치기보다 아이가 오늘 하루를 어떤 기분으로 보냈는지를 들어 주세요.

누구나 자신이 잘하는 일은 계속하고 싶어 합니다. 처음에는 부모가 어떤 보상을 통해 공부를 시켰다고 해도 그 결과가 좋고 스스로 만족감을 느꼈다면, 아이는 더 높은 목표에 도전해도 괜찮을지 모른다는 생각을 갖습니다. 그리고 이런 긍정적인 감정이 부모를 통해 인정받고 존중받으면 부정적인 감정들을 물리치는 힘을 키울 수 있습니다.

아이를 가장 불행하게 만드는 것은
무엇이든 다 갖게 해 주는 것이다

자녀를 불행하게 만드는 가장 확실한 방법은
언제나 무엇이든지 손에 넣게 해 주는 것이다.

-장 자크 루소

여덟 살 딸을 키우고 있는 한 제자가 들려준 이야기입니다.

첫아이를 유산한 뒤 몇 년 동안 아이가 생기지 않아 마음고생을 했던 제자는 어렵게 얻은 아이가 행여나 다칠세라, 아플세라 그야말로 노심초사하며 딸을 키웠다고 합니다. 유치원에 다닐 때는 물론 초등학교에 입학한 뒤에도 아이 뒤를 그림자처럼 졸졸 따라다니며 필요한 것들을 챙겨 주었고, 친구를 사귈 때도 자기가 먼저 다른 아이들에게 다가가 "우리 소민이랑 친하게 지내"하며 다리를 놓아 주었습니다. 정작 아이는 친구 사귀는 일에는 관심도 없는데 말입니다.

그런 마음은 남편이나 시부모님도 마찬가지여서 3대가 모여 사는 집에서 가장 좋고 비싼 것은 언제나 아이 몫이었습니다. 맛있는 반찬은 아이 앞에, 좋고 편안한 자리는 아이 자리, 갖고 싶어 하는 것은 엄마나 아빠, 아니면 할아버지 할머니가 반드시 사주었습니다. 거짓말이나 욕 같은 심각한 행동을 하지 않는 이상 야단을 치는 일은 거의 없었고, 아이가 원하는 일을 안 된다고 단호하게 막은 적도 없었습니다.

그런데 언제부터인가 아이가 집안 어른들의 양보를 당연한 것으로 여기는 것 같더랍니다. 조금이라도 귀찮고 힘든 일은 엄마에게 해 달라고 조르고 식구들이 자기 부탁을 들어주지 않으면 심하게 떼를 쓰고 화를 내는 일이 많아졌다는 것입니다. 그래도 어른들이 귀여워하니까 어리광을 피우는 것이라고만 생각했지 대인 관계나 단체 생활에 문제가 있을 정도라고는 생각조차 못했다고 합니다. 하지만 얼마 전 친구와 다툰 아이 때문에 학교에 다녀온 뒤 자신이 크게 잘못 생각하고 있었다는 것을 깨달았다고 합니다.

색상만 다른 머리핀을 두 개 가지고 있던 아이는 짝꿍과 친해지고 싶었는지 그중 하나를 짝꿍인 연지라는 아이에게 준 모양입니다. 그런데 아이들이 연지에게만 말을 걸며 머리핀도 예쁘다고 하고 옷도 예쁘다고 하니까 갑자기 샘이 났던 것 같습니다. 다른 아이들이랑 이야기하고 있는 연지에게 화를 내며 자기 머리핀을 돌려 달라고 한 것입니다. 소민이가 왜 화가 났는지 알리 없는 친구들은 놀라 멀뚱멀뚱 바라보기만 하다가, "네가 줬으니까 이제 연지 거야"라고 말했답니다. 그러자 아무도 자기편을 들지 않는 것에 더 충격을 받은 소민이는 물러서지 않고 머리핀을 내놓으라고 소리치며 연지 책상 위에 있던 학용품들을 바닥으로 떨어뜨려 버렸습니다. 연지는 울음을 터트렸고 소민이는 친구들을 노려보며 선생님이 올 때까지 분을 삭이지 못했습니다.

제자는 딸아이가 자기가 주목받지 못하자 친구들에게 화를 내고 친구의 물건을 망가뜨리는 식으로 분풀이를 했다는 것에 큰 충격을 받은 듯싶었습니다. 게다가 집에 돌아와 "소민아, 연지 좋아하잖아. 그래서 머리핀도 준 거잖아. 내일 가면 연지랑 다른 친구들한테 미안하다고 사과하자"라고 타일렀더니, "엄마가 가서 나랑 다시 놀아 주라고 이야기해"라고 말하더라는 것입니다.

제자는 자기가 언제나 1등이어야 하고, 배려받는 게 당연하다고 생각하는 아이가 어디에서도 환영받지 못하는 사람이 될까봐 두렵다고 했습니다. 그리고 아이를 어디서부터 다시 가르쳐야 하는지, 너무 늦은 것은 아닌지 하는 걱정에 그날 잠을 이룰 수 없었다고 합니다.

무엇이든 다 해 주는 부모가 불행한 아이를 만든다

철학자 장

자크 루소는 《에밀》이라는 책에서 이렇게 말했습니다.

"아이를 불행하게 만드는 것이 무엇인지 아는가? 그것은 모든 것을 얻는 일에 익숙하게 만드는 것이다. 원하는 것을 쉽게 성취하면 할수록 아이들은 더 많은 것을 바라게 된다. …… 처음에 아이들이 원하는 것은 너희의 산책용 지팡이다. 다음에는 너희의 시계, 그다음에는 지나가는 새, 또 그다음에는 밤하늘에 반짝이는 별. 아이들은 눈앞에 보이는 모든 것을 갖고 싶어 한다. 너희가 어떻게 아이들을 만족시킬 수 있겠는가? 너희가 신이 아니라면!"

사랑한다는 이유로 아이가 원하는 것을 다 들어주고 아이가 하고 싶어 하는 대로 다 하게 내버려 둔다면 아이는 올바르게 자라지 못할 것입니다. 힘들이지 않고 자신이 원하는 것을 가질 수 있던 아이는 세상이 자신을 중심으로 돌아간다고 생각합니다. 그래서 원하는 것을 얻는 일을 당연하게 여기고, 뭔가를 갖기 위해 애를 쓰고 노력해야 한다는 사실을 이해하지 못합니다.

어떤 부모들은 아이가 어렸을 때 무엇이든 부족함 없게 해 주는 것이 열등감을 키우지 않는 방법이라고 주장하기도 합니다. 그러면서 물질적인 것들을 아낌없이 채워 줍니다. 그러나 그런 부모의 기대와는 달리 원하는 것을 손쉽게 얻을수록 아이들의 만족감은 줄어들고 점점 더 새로운 것들을 갖고 싶어 합니다. 결국 과잉보호를 받은 아이에게 인생은 절망으로 가득할 수밖에 없습니다. 세상은 한 사람을 중심으로 돌아가지 않으며, 어느 한 사람이 모든 것을 다 가질 수도 없기 때문입니다. 더 나쁜 것은 한 번도 스스로 노력해서 무언가를 얻었던 경험이 없기 때문에 도전할 용기조차 내지 못한다는 사실입니다. 아이가 견디지 못할 정도의 극심한 스트레스 상황이 아니라면, 어느 정도의 스트레스는 스스로의 힘으로 극복할 수 있는 기회를 주는 것이 좋습니다.

대니얼 골먼의 《SQ 사회지능》에는 신경과학자들의 실험이 하나 소개되어 있습니다. 생후 17주밖에 되지 않은 새끼 원숭이들을 한 주에 한 번씩, 10주 동안 낯선 어른 원숭이 우리에 데려다 놓는 실험이었습니다. 새끼 원숭이들은 서너 차례 실험이 계속되는 동안 낯선 환경에 겁을 먹고 옴짝달싹하지 못했습니다. 그런데 마지막 10주 차에는 처음보다 평온한 눈빛을 보였다고 합니다. 더 놀라운 일은 그다음에 일어났습니다. 실험이 끝나고 낯선 어른 원숭이 우리에 있던 새끼 원숭이들과 한 번도 어미 품을 떠난 적이 없던 새끼 원숭이들을 한꺼번에 새로운 우리에 들여보냈는데, 연령과 건강 상태가 비슷한 두 그룹의 반응이 극과 극으로 달랐던 것입니다.

어미와 함께 있던 원숭이들이 새로운 환경에 겁을 먹고 어미 곁에 바짝 붙어 안절부절못하는 것과 대조적으로, 스트레스 상황에 노출됐던 원숭이들은 자유롭게 돌아다니며 새로운 환경을 호기심 있게 탐색했습니다. 그 뒤에도 다른 원숭이들에 비해 낯선 동물이나 환경에 대한 두려움이 훨씬 적었다고 합니다. 사람도 마찬가지입니다. 스스로의 힘으로 조절 가능한 정도의 스트레스는 오히려 극복하는 쾌감을 갖게 하고 회복 탄력성을 키우는 기회가 될 수 있습니다. 폐렴에 걸리지 않기 위해 미리 예방주사를 맞듯이 적당한 스트레스는 아이의 몸과 마음을 오히려 건강하게 단련시켜 주는 것입니다.

쉬지 않고 영양분을 공급받은 식물은 죽는다

봄, 여름, 가을이 아름답기 위해서는 모든 성장 활동이 정지된 계절인 겨울이 필요합니다. 그래야 땅이 영양분을 모으고 자연이 제대로 순환할 수 있는 준비를 할 수 있습니다. 인간의 몸도 마찬가지입니다. 스물네 시간 중에서 최소한 여섯 시간은 잠을 자야 하고, 밥을 먹어도 위의 4분의 1은 남겨 두어야 합니다. 한 번에 많은 일을 하고 더 많이 먹기 위해서 모든 공간을 써 버리면 잠깐은 만족감을 얻을 수 있지만 얼마 지나지 않아 몸이 망가집니다.

부모의 사랑과 가르침도 다르지 않습니다. 지나친 사랑은 간

섭으로 변질되기 쉽고, 아이로 하여금 구속받고 있다는 감정을 느끼게 할 수 있습니다. 또 아무리 옳은 말이라고 해도 부모의 생각을 100퍼센트 전달하려고 하면 아이는 튕겨 나갑니다.

아이가 자신의 의지대로 할 수 있는 부분을 남겨 두어야 합니다. 일이 이루어지는 데는 시간이 걸립니다. 마치 물이 흐를 때 웅덩이가 있으면 그 웅덩이를 채운 뒤에 그다음 단계로 나아가는 것과 같습니다. 부족해도 아이 스스로 뭔가 해내는 모습을 지켜보는 여유, 아이가 자기 의견을 말할 수 있게 들어 주는 여유가 반드시 필요합니다.

아이의 사회성은 오직 부모의 손에 달려 있다

원하든 원하지 않든 우리는 서로 연결되어 있다.
그래서 나 혼자 따로 행복해지는 것은 생각할 수도 없다.

−달라이 라마

흔히 '사회성이 부족한 아이'라고 하면 내성적인 아이를 떠올리는 경우가 많습니다. 그러나 기질적으로 조용하고 부끄러움이 많고 소극적인 것과 사회성이 부족한 것은 다릅니다. 물론 지나치게 낯가림이 심하고 겁이 많은 아이는 사회성이 떨어진다고 볼 수 있습니다. 이럴 때는 빨리 그 원인을 찾아 도움을 주어야 합니다. 그런데 사회성이 부족한 것이 나중에 심각한 문제로 발전하는 경우는 겉으로 보기에는 아무 문제가 없어 보이는 활달한 아이입니다.

경은이는 늘 많은 친구들에게 둘러싸여 있었습니다. 학교가 끝나고 집에 돌아올 때도, 학원에 갈 때도 혼자 있는 때가 없었습니다. 그래서 경은이 엄마와 아빠는 딸이 사교적이고 활동적인 아이라고 생각했습니다. 부부가 함께 사업을 하느라 육아를 도우미에게만 맡기고 자주 함께 놀아 주지 못했는데 성격이 모나지 않아 다행이라고 말입니다.

그런데 알고 보니 사교적인 모습은 경은이가 외로움을 들키지 않으려고 만들어 낸 일종의 보호막이었습니다. 경은이는 주위에 누군가 없으면 불안해했습니다. 학년이 올라갈 때마다 허겁지겁 친구를 찾아 헤매고 자기 이야기를 가장 잘 들어 줄 것 같은 아이를 골라 친구가 되었습니다. 그러고는 하루 만에 세상에 둘도 없는 단짝 친구가 되기라도 한 것처럼, 비밀을 털어놓고 우정의 징표라고 이름 붙인 소지품도 나눠 가지며 매일매일 붙어 다녔습니다. 하지만 그것도 잠시일 뿐, 그 친구가 자기 의견을 따라 주지 않거나 다른 친구와 가깝게 지내면 '배신자'라는 극단적인 말을 할 정도로 서운함을 느꼈고, 이내 다른 친구에게로 철새처럼 옮겨 갔습니다. 서너 달 간격으로 친구가 바뀌었고, 한번 멀어진 아이들과는 아는 척도 하지 않을 정도로 관계가 나빴습니다. 게다가 경은이는 처음 만날 때는 무조건 자기가 가진 값 비싼 물건을 선물로 주며 환심을 샀습니다.

"이거 아빠가 미국에서 사다 준 거야. 한국에는 없댔어. 너 줄게."

그리고 친구가 선물에 관심을 보이면 자기 집이 엄청난 부자인 것처럼 자랑하면서 자기 말에 순종하기를 바랐습니다. 아무것도 주지 않으면 자기를 좋아하지 않을 것이라고 생각했기 때문입니다. 마음을 터놓을 수 있는 단짝 친구를 갖고 싶어 했지만, 그 방법을 몰라 물질적인 것으로 친구를 사려고 했던 것입니다.

내 아이가 자기밖에 모르는 이기적인 사람으로 크길 바라는 부모는 없을 것입니다. 마치 자기 일처럼 다른 사람을 돕는 정도까지는 바라지 않더라도 안하무인으로 행동하는 예의 없는 사람은 되지 않기를, 누구에게나 사랑받고 환영받는 사람이 되기를 소망합니다. 그러나 그런 건강한 사회성은 키가 자라듯 저절로 키워지는 것이 아닙니다. 아이가 성장하는 속도에 맞춰 부모가 발달시켜 주어야 하는 것입니다. 특히 경은이처럼 부모와의 애착 관계가 제대로 형성되지 않아 자존감이 약한 아이는 사회성을 발달시킬 기반도 약하다고 할 수 있습니다.

부모와의 관계가 아이의 사회성을 결정한다

사회성은 자존감을 바탕으로 길러집니다. 아이의 사회성 발달이 오직 부모의 몫이라고 말하는 이유는 이 때문입니다. 처음 세상에 발을 내디뎠을 때 부모가 믿음직한 버팀목이 되어 신뢰와 애정을 듬뿍 준 아이는 스스로 가치 있는 존재라고 느낍니다. 이런 아이에게 다른 사람도 너와 똑같이 소중한 존재라는 사실을 알려 주는 일은 어렵지 않습니다. 그러나 자기 자신이 소중한 존재라는 것을 느끼지 못하는 아이에게 다른 사람의 소중함을 깨닫게 하는 것은 어렵습니다.

애정 과잉이나 결핍으로 애착 관계가 제대로 형성되지 않은 아이들은 세상은 나를 위해 존재한다는 거만함이나 부모에게 버림받을지 모른다는 두려움 때문에 자꾸 세상을 적으로 여기기 때문입니다. 그러나 자존감이 낮다고 해서 영원히 따뜻하고 인간적인 관계를 맺지 못하는 것은 아닙니다. 사회성을 기르기 위해 타인의 마음을 이해하고 공감하려 노력하는 과정에서 자존감도 조금이나마 회복할 수 있습니다. 그러니 아이의 자존감이 낮다고 사회성마저 포기하면 안 됩니다.

사회성이란 공동체에 적응하려고 하는 인간의 능력을 말합니다. 원만한 인간관계를 맺고 사회적 합의를 준수하며 자신의 목표를 추구해 나가는 힘이 바로 그것입니다.

사회성의 핵심 요소는 타인에 대한 관심, 즉 감정 이입에 있습니다. 신생아들에게 다른 아기의 울음소리를 녹음해서 들려주면 얼마 지나지 않아 따라 울기 시작합니다. 그런데 신기하게도 자신의 울음소리를 녹음한 것에는 반응하지 않는다고 합니다. 그리고 생후 14개월이 지난 아기들은 다른 아기들이 아파하는 것을 보면 등을 토닥여 주거나 안아 주는 등 고통을 덜어 주려고 애씁니다. 이런 본능적 동정심이 바로 사회성의 밑바탕이라고 볼 수 있습니다. 다른 사람의 마음에서 어떤 일이 일어나고 있는지 헤아리는 경험은 상대의 감정이나 의도를 더 잘 이해할 수 있게 해 주기 때문입니다.

사람들은 이런 경험을 통해 다른 사람과 어울려 살아가는 법을 익힙니다. 처벌이 두려워서가 아니라 다른 사람의 마음을 아프게 하지 않기 위해 나쁜 말과 행동을 하지 않고, 자기 이익만 챙기는 것이 아니라 다른 사람과 함께 성장할 수 있는 방법을 찾습니다. 사회성이 있는 아이는 누가 시키지 않아도 친구에게 욕을 하면 안 된다는 것을 압니다. 그 아이가 마음 아파할 것이라는 사실을 헤아리기 때문입니다. 또 사회성이 있는 사람은 상황이나 상대에 따라 말과 행동을 가려야 한다는 것을 배우지 않아도 압니다.

그러나 어떤 행동을 해도 부모에게 무조건 긍정적으로 받아들여졌거나 무조건 부정적으로 받아들여졌던 아이는 타인의 감정은 어차피 한 가지라고 생각해 버리고 알려고도 하지 않습니다. 그래서 자기 멋대로 행동하면서 다른 사람을 지배하려고 합니다. 이런 사람들은 나중에 회사에 들어가서도 자기가 화가 나면 다른 사람에게 화풀이를 하고, 다른 사람의 잘못을 모든 사람이 보는 앞에서 공개적으로 지적하거나, 다른 사람의 말에는 귀를 기울이지 않고 자기만 옳다고 우깁니다. 누가 이런 사람과 함께 일하고 싶을까요?

　신경과학자들은 뇌가 만들어진 목적이 사회성에 있다고 말합니다. 다른 사람과 눈을 맞추고, 대화를 나누고, 손을 잡을 때 발생하는 감정들이 뇌의 신경세포를 자극하고 활성화시키기 때문입니다. 즉 주위 사람과 어떤 관계를 맺고 있느냐에 따라 뇌세포의 발달과 크기, 개수 등이 결정된다는 말입니다. 그러므로 똑똑하고 행복한 아이로 키우고 싶다면 신뢰와 애정이 있는 관계를 맺을 줄 아는 능력, 즉 사회성을 반드시 길러주어야 합니다.

진심 어린 관계를 맺지 못하는 아이는 성공할 수 없다

－－－－－－－－－－－－－－－－－－－－－－－－－－－－－－　저는 부모들을 만날 때마다 이렇게 말합니다. 공부는 마음만 먹으면 언제든지 잘할 수 있습니다. 초등학교 때부터 부모의 관리 감독 아래 좋은 성적을 유지해 온 아이와 고등학교 2학년 때 갑자기 공부할 마음이 생겨 시작한 아이의 수능 시험 성적에 큰 차이가 없었습니다. 뒤늦게 기초부터 쌓아야 해서 힘은 들었겠지만, 자발적으로 공부하고자 하는 마음이 생겼을 때 학습 능력은 누가 시켜서 할 때보다 훨씬 높기 때문입니다. 그런데 사회성은 어릴 때 부모가 길러 주지 않으면 나중에 발달시키기가 어렵습니다.

인간의 자아는 만 여섯 살까지 70퍼센트가 완성된다고 합니다. 즉 열 살 전에 아이가 어떤 경험을 하고 어떤 마음을 갖느냐에 따라 앞으로 인생을 대하는 태도와 관점이 결정된다는 말입니다. 만약 앞에서 이야기한 경은이처럼 부모의 관심과 보호를 받지 못해 자존감이 약해진 아이는 사랑받기 위해 매달리고 집착하거나 사랑하는 일 자체에 두려움을 느껴 도망치기 쉽습니다. 반대로 부모의 사랑이 과잉되고 너무 오래 이어지면 아이는 노력하지 않아도 모든 일이 저절로 해결된다고 생각해 아무것도 하지 않습니다. 또 모든 일을 자기중심적으로 보고 언제나 자기가 최고의 대접을 받아야 한다고 믿습니다. 그래서 친구들이나 선생님이 자신의 생각과 다르게 행동하거나 기대한 만큼 반응해 주지 않는 것을 이해하지 못합니다.

인간은 누군가에게 의존하며 살아가는 존재들입니다. 그러나 이런 의존은 상호 보완적이지 일방적인 의존과는 다릅니다. 그러니까 한쪽은 일방적으로 주기만 하고 한쪽은 받기만 하는 관계가 아니라는 말입니다. 이런 관계는 반드시 깨지고 맙니다. 곁에 있는 사람이 서로 신뢰하는 동반자라고 생각해야지 나를 보조하는 존재라고 생각하면 함께할 수 없습니다.

미국의 100대 기업 CEO들에게 성공 비결을 물었더니 거의 대부분이 '따뜻한 마음'을 꼽았다고 합니다. 학교 성적이나 재능, 부모님의 후원은 모두 3위 안에도 들지 못했습니다.

입장 바꿔 상대의 처지를 헤아리고 배려하는 마음, 자신이 소중한 것처럼 다른 사람도 소중한 존재라는 사실을 일깨워 주는 것이 진정 아이를 위한 교육이라는 사실을 잊지 말아야 합니다.

부모에게 존중받은 아이가
세상으로부터 사랑받는다

부모가 자녀에게 존중하는 마음을 보일 때
진정한 신뢰감이 형성된다.
−제일스 오툴

인간관계에는 세월이 흘러도 변하지 않는 법칙이 하나 있습
니다. 그것은 바로 '내가 그를 사랑하면 그도 나를 사랑하고, 내
가 그를 미워하면 그도 나를 미워한다'는 것입니다. 사랑하는
이유, 미워하는 이유는 제각각 달라도 내가 남에게 하는 대로 돌
려받는다는 법칙은 변하지 않습니다.

누구나 자기를 사랑해 주고 존중해 주는 사람과 함께 있고 싶
어 합니다. 만약 어떤 사람이 나와 함께 있는 것을 불편해하고
나를 좋아하지 않는다면 그 원인은 나에게 있는 경우가 많습니
다. 내가 그를 대하는 마음이 진심이 아니었을 가능성이 크다는

말입니다.

그렇다면 진심으로 존중하고, 존중받는 관계는 어떻게 만들어지는 것일까요? 그것은 사람이 태어나 처음으로 맺는 관계에 의해 결정됩니다. 바로 '부모와의 관계'입니다.

'집에서 부모와 형제를 공경하며 섬길 줄 아는 사람은 대문 밖을 나서는 순간 다른 사람에게도 존중받는다'는 말이 있습니다. 사랑, 공경, 존경, 존중은 가정에서부터 시작되는 것입니다. 부모를 사랑하고 공경할 줄 모르는 아이가 다른 사람을 사랑하고 공경할 수는 없습니다. 마찬가지로 부모에게 사랑받고 존중받지 못한 아이가 다른 사람에게 진심으로 존중받는 일은 없습니다. 아이가 사람들과 더불어 사랑받고 존중받으며 살기를 원한다면 부모가 먼저 아이를 존중하며 섬겨야 한다는 말입니다.

저승사자입니까? 구세주입니까?

그런데 요즘 가정에서는 존중은 없고 교육만 강조하는 경우가 많습니다. 한 신문 기사에 따르면 대치동 일대 학원가에는 엄마가 둘인 아이들이 많다고 합니다. 느닷없이 출생의 비밀이 밝혀진 게 아니라 '입시 대리모'라는 가짜 엄마들이 생겨났기 때문입니다. 이들은 아이를 아이비리그나 서울대 등 명문대에 보냈거나 특목고에 보낸 엄마들로

한 달에 수백만 원에서 1000만 원 정도의 월급을 받으며 입시 준비를 대신 해 준다고 합니다. 좋은 학원이나 유명 과외 선생님을 알아봐 주는 것은 기본이고, 때에 따라서는 초등학교 입학 전부터 집에 함께 머물면서 생활 습관과 식단까지 체크해 준다고 하니 진짜 엄마가 설 자리가 있을지 의문입니다.

모두 알다시피 맹자의 어머니는 아들의 교육을 위해 세 번이나 이사할 정도로 학구열이 높은 사람이었고, 공자는 벼슬도 미루고 평생 배움을 실천하고 강조한 사람입니다. 그러나 이런 옛 성현들조차 학문보다 우선하는 공부가 있다고 말합니다. 바로 부모에게 효도하고 다른 사람을 공경하고 두루두루 사랑할 줄 아는 사람이 되는 공부입니다.

아이들은 집 밖으로 나서는 순간 자의든 타의든 경쟁에 참여하게 됩니다. 누가 공을 멀리 차나, 누가 친구가 많나, 누가 시험을 잘 봤나, 누가 선생님에게 칭찬을 받았나, 누가 더 키가 큰가, 누가 더 예쁜가 등 부모가 경쟁심을 부추기지 않아도 친구들과 자신을 비교하며 끊임없이 저울질합니다. 또 학교나 사회에서 정한 규칙에 맞춰 행동하느라 잔뜩 긴장하기도 합니다. 자세를 바르게 하고 정해진 시간 동안 수업을 듣기 위해 온 신경을 집중합니다. 그런 아이들이 집으로 돌아왔을 때 부모는 그야말로 따뜻한 안식처가 되어야 합니다. 그런데 엄마들은 학교에서 돌아오는 아이에게 곧장 또 다른 숙제를 쥐여 주거나 집에서도 얌전하게 있으라고 야단을 칩니다. 성적표가 나오는 날을 이야기해 볼까요?

엄마가 현관에서 기다리다가 아이가 들어오는 순간 성적표를 꺼내라고 재촉합니다. 그리고 성적표를 확인하고는 성적이 나쁠 때는 바로 야단을 칩니다. '이것도 성적이냐? 동네 창피해서 못 살겠다. 옆집 홍길동은 만점을 받았다더라' 하고 혼내곤 합니다. 그러면 아이의 마음은 어떨까요? 아이는 학교에서 담임 선생님에게 이미 야단을 맞았습니다. 친구들에게도 창피를 당했습니다. 그래서 잔뜩 기가 죽어 집으로 돌아왔습니다. 그런데 현관에 들어서자마자 엄마가 더 기를 죽인 것입니다. 이럴 때 엄마는 아이를 주눅 들게 하는 '저승사자'입니다.

만약 엄마가 아이를 존중하는 마음으로 바라봤다면 지금 아이 마음이 얼마나 괴로울지 충분히 짐작할 수 있었을 것입니다. 그리고 '괜찮아. 나는 그것보다 더 낮은 점수를 받은 적도 있어. 그런데도 잘 살고 있잖니? 행복이나 인격은 성적순이 아니란다' 라고 격려할 수도 있었을 것입니다. 그때 엄마는 아이에게 다시 살아갈 힘을 주는 '구세주'가 됩니다.

사람들은 요즘 어린아이들이 영악하다고 말하곤 합니다. 말 대꾸도 심하고 반항심도 크다고요. 그리고 그 이유를 너무 존중 받아서 어른 어려운 줄 모르고 자랐기 때문이라고 말하기도 합니다. 그런데 아이들이 부모에게 저항하는 순간을 떠올려 보면 자기 이익만을 생각하기 때문이라고 말할 수 없을 때가 많습니다. 밤늦게 들어와 졸려 죽겠는데 부모가 조금 더 공부하라고 강요합니다. 너무 많은 학원 수업에 지칠 대로 지쳤는데 부모는 다른 것을 더 배워야 한다고 다그칩니다. 그럴 때 부모는 행복한 삶을 가로막는 저승사자가 됩니다. 부모가 저승사자일 때 자녀는 저승사자를 피해 살아남는 것이 목표가 됩니다. 반대로 부모가 구세주라면 더 좋은 일을 하기 위해 노력합니다.

가르치는 부모가 아니라 믿어 주는 부모가 되라

예전에 박찬석 전 경북대 총장의 수필을 읽은 적이 있습니다.

박 전 총장은 중학교 1학년 때 경남 산청에서 대구로 유학을 왔다고 합니다. 매일 끼니를 챙기는 것도 어려운 가정 형편이었지만 자식만큼은 제대로 공부 시키겠다는 아버지의 뜻에 따라 유학을 오게 된 것인데 이상하게 공부가 참 하기 싫었답니다. 결국 68명 중에 68등, 꼴찌 성적표를 받았습니다. 그런데 매일 힘들게 농사일을 하면서도 아들을 중학교에 보낸 아버지 생각을 하니 도저히 그 성적표를 보여 드릴 수 없었다고 합니다. 그래서 잉크로 기록된 성적표를 1/68로 고쳐 보여 드렸답니다.

그런데 문제는 그다음이었습니다. 대구로 유학 간 아들이 1등을 했다고 하자 집에 찾아온 친지들이 "자식 하나는 잘 됐어. 1등을 했으면 책거리를 해야제"한 것입니다. 당시 박 전 총장의 집은 동네에서도 가장 가난한 살림이었는데 이튿날 강에서 먹을 감고 돌아오니 아버지가 재산 목록 1호인 돼지를 잡아 동네 사람들을 모아 놓고 잔치를 하고 있더랍니다. 그는 아무 말도 못하고 강으로 달려가 물속에서 머리통을 내리쳤답니다. 그리고 충격적인 그날의 사건 이후 마음을 다잡고 공부를 했고 그로부터 17년 뒤 대학 교수가 되었습니다. 박 전 총장은 자신의 아들이 중학교에 입학했을 때, 부모님 앞에서 33년 전의 일을 사과드리기로 했습니다. 그리고 "어무이, 저 중학교 1학년 때 1등 한거는요"하고 이야기를 시작하려는데, 옆에서 담배를 피우던 아버지께서 "알고 있었다. 그만해라. 민우(손자) 듣는다"라고 하셨답니다. 아버지는 아들의 거짓말을 다 알고 계셨던 겁니다.

그는 수필의 마지막에 '자식이 위조한 성적을 알고도 재산 목록 1호인 돼지를 잡아 잔치를 하신 부모님의 마음을, 박사이자 교수이고 대학 총장인 나는 아직도 감히 알 수가 없다'고 적었습니다.

아이를 훌륭하게 길러 낸 부모는 성적에 일희일비하지 않습니다. 함께 울어 주고 뒤에서 기도하며 아이를 존중해 줍니다. 존중받은 기억은 지문처럼 지워지지 않습니다. 아이 마음속에 남아 자존감을 키우는 뿌리가 됩니다. 부모의 존중이 스스로를 존중하는 아이로 이끄는 것입니다.

이렇게 자존감을 키운 아이는 '나는 소중하다'는 믿음을 바탕으로 더 나은 삶을 살기 위해 무엇을 해야 하는지 찾아냅니다. 그리고 존중받은 경험을 바탕으로 다른 사람을 존중해서 믿고 따르고 싶은 사람이 됩니다. 오래도록 유지되는 진실한 관계, 진정한 성공은 그렇게 만들어집니다.

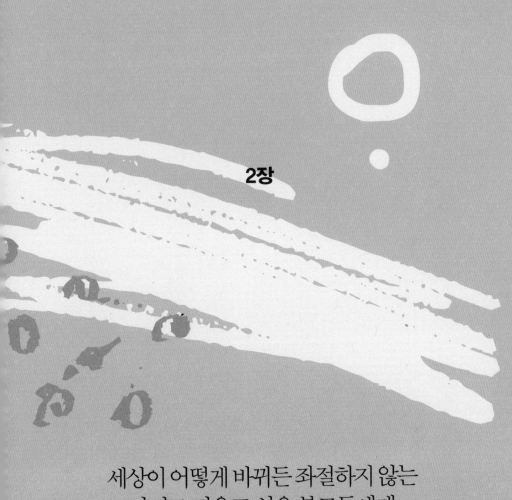

2장

세상이 어떻게 바뀌든 좌절하지 않는
아이로 키우고 싶은 부모들에게

전교 1등 그 아이는
왜 문제아가 되었을까?

부모가 하지 말아야 할 일 중 하나는
아이를 과도하게 칭찬하는 것이다.

－《명심보감》

인터넷 상담 게시판에 올라온 한 엄마의 이야기입니다.

딸은 언제나 제 자랑이었습니다. 초등학교 때는 줄곧 반장을
도맡아 할 정도로 친구들에게 인기가 많았고, 엄마가 하라고 하
는 것은 공부든 학원이든 한 번도 싫다고 투정 부린 적이 없을
정도로 말 잘 듣는 아이였습니다. 특히 공부 잘하는 오빠의 그늘
에 가려 한 번도 주목받지 못하던 저에게 딸은 마치 제가 인정받
는 듯한 만족감을 갖게 해 주었습니다. 그래서 아이가 뭔가 하나
씩 배울 때마다 '똑똑하다, 예쁘다, 천재다'라고 과장되게 칭찬

하며 계속 더 잘해 주기를 은근히 바랐습니다. 중학교 1학년 때 처음 전교 1등 성적표를 받아 들고 신이 나서 집으로 뛰어와 안기던 아이 모습이 아직도 눈에 선합니다. 남편과 저도 너무 기뻐서 아이가 갖고 싶다는 것을 당장 사 주기 위해 그날 저녁 함께 나갔습니다. 그리고 제가 말했습니다.

"우리 딸이 1등을 해서 너무 좋다. 앞으로도 계속 1등 해. 그래야 삼촌처럼 의사되지."

이런 말과 행동들이 내내 아이에게 부담을 주었던 걸까요? 그때는 몰랐습니다. 어른들의 칭찬을 들을 때마다 고개를 숙이는 아이가 부끄러움을 탄다고만 생각했습니다.

아이 성적이 오르자 부모로서 욕심이 생기기 시작했습니다. 특목고나 자사고가 눈에 들어오기 시작했고, 다른 엄마들을 따라 입시 설명회에 참석하면서 전교 1등이라 해도 절대 안심해서는 안 된다는 것을 알게 되었습니다. 그래서 넉넉하지 않은 형편이지만 학원도 진학률이 높은 비싼 곳으로 옮기고 아이 스케줄 관리를 적극적으로 하기 시작했습니다. 집에 들어오면 공부에 집중할 수 있도록 텔레비전도 보지 않았고, 한 시간에 한 번씩 아이 방에 들어가 필요한 것은 없는지, 힘든 것은 없는지 말하기 전에 챙겨 주려고 노력했습니다. 아이를 위해서, 아이를 도와주고 싶어서 그렇게 했습니다. 학년이 올라갈수록 공부가 힘든 것도 같았지만 아이는 3년 내내 변함없이 엄마 말을 잘 따라 주었습니다.

그런데 특목고에 입학하고 1년 뒤 아이는 달라졌습니다. 전교 1등만 하던 아이가 첫 중간고사에서 50등 밖으로 밀려났고 기말고사에서도 이를 악물고 열심히 했지만 40등 안에 겨우 들 뿐이었습니다. 아이도 저도 엄청난 충격이었습니다. 하지만 아이가 더 힘들어할까 봐 내색하지는 않았습니다. 닦달하지 않고 지켜보는 부모가 되려고 노력했습니다. 그런데 2학년이 되자 아이는 더 자신감을 잃었고 공부할 의욕마저 사라진 것처럼 굴었습니다. 심지어 수업 시간에도 머리가 아프다 배가 아프다 하면서 양호실에 누워 있을 때가 많았습니다. 답답한 마음에 "힘을 내! 너는 얼마든지 중학교 때처럼 잘할 수 있어"라고 위로의 말을 건넸는데, 아이가 벌컥 화를 냈습니다. 자기가 도저히 따라갈 수도 없을 만큼 공부 잘하는 아이들이 널리고 널렸다고, 그 아이들이 받는 과외가 얼마짜리인지 아느냐고, 왜 자기를 그런 학교에 보냈느냐고 소리치더군요. 그러더니 제 방으로 들어가 문을 잠가 버렸습니다. 상상도 못했습니다. 아이가 자기를 비하하는 것도 모자라 저를 원망하고 있는 줄은. 그리고 일주일 동안 우리는 서로 말이 없었습니다.

그러던 어느 날 아이가 경찰서에 있다는 연락을 받았습니다. 점심시간에 학교 밖으로 나온 아이가 길가에 주차된 승용차를 못으로 긁었다고 합니다. 너무 놀라 아이 얼굴만 쳐다보았습니다. 그렇게 착하던 아이에게 무슨 일이 있었는지 남편과 저는 도저히 이해할 수 없었습니다. 그러다 상담을 받으며 아이가 왜 그런 행동을 했는지 알게 됐습니다. 아이는 퇴학당하려 그랬다고 합니다. 차라리 검정고시를 보고 대학교에 가는 게 마음이 편할 것 같다고요. 하지만 의대는 못 갈 것 같으니 엄마가 단념하길 바란다고 했습니다. 그 말을 듣고 펑펑 울어 버렸습니다. 잘할 수 있다는 건 응원이었는데, 아이가 잠들 때까지 거실에서 책을 읽으며 기다린 건 사랑이었는데 왜 부담이고 감시처럼 느꼈는지, 모두 아이를 위한 거였는데 왜 엄마를 위해 희생한 사람처럼 이야기하는지 마음이 아팠습니다.

학교를 그만두면 예전처럼 돌아올까요? 자퇴한다는 사실보다 다시는 다정한 내 딸을 보지 못할 것 같아 너무나 두렵습니다.

이 엄마의 마음이 얼마나 아플지 상상이 갑니다. 하지만 치열한 경쟁에 내몰린 아이들에게는 부모의 작은 기대도 엄청난 부담감이 될 수 있습니다. 도저히 의대에 갈 수 없는 성적인데 의사가 되면 좋겠다는 부모의 말은 그야말로 스트레스가 됩니다. 그때 아이가 화를 내는 것은 단순한 분노가 아닙니다. 부모를 실망시키고 싶지 않은 마음이 그렇게 표현되는 것입니다. 아무리 노력해도 안 될 것 같은데, 자신감이 바닥까지 떨어졌는데 부모가 무조건 힘내라거나 잘될 거라고 말하면 아이는 비참함을 느낍니다. 그리고 그런 격려가 지속적으로 이어지면 아이는 엄청난 압박감을 가지며 최후에는 반항하거나 자신을 포기하거나 하는 극단적인 선택을 하게 됩니다. 자퇴하고 싶다고 말해서 부모를 실망시킬까 봐 퇴학을 당하는 방법을 생각한 것처럼, 아이는 더 망가지는 쪽으로 자신의 의사를 표현하려고 합니다.

실제로 열등감이 심하거나 한 번의 실수에도 과하게 자책하고 자포자기하는 아이들을 만나 보면 훌륭한 재능을 갖고 있는 경우가 많습니다. 객관적으로 자신에게 어떤 재능이 있는지는 보지 못하고 다른 사람에게 인정받지 못하면 자신은 가치가 없다고 생각하는 것입니다.

결과로 아이를 칭찬하지 마라

우리는 무엇이든 수량화하는 것에 익숙해져 있습니다. 시험을 보면 1등부터 꼴등까지 등수가 매겨집니다. 그러면 상위 4퍼센트, 11퍼센트, 23퍼센트……로 끊어 1, 2, 3……으로 등급을 나누거나 과목별 성취 점수에 따라 A, B, C, D, E, F로 점수를 줍니다. 그리고 이렇게 수량화된 데이터를 바탕으로 아이들을 줄 세우고 1등급 또는 A를 받은 학생에게는 모범생이라느니 우등생이라느니 하며 칭찬을 해 줍니다. 이렇게 결과에만 초점을 맞춘 칭찬이나 격려가 계속 이어지면 아이는 1등급, A라는 점수를 받지 못하면 루저(Loser)라고 생각합니다. 좋은 결과를 얻을 수 있는 일만 찾아다니고 좋은 결과가 없다면 공부하지 않는 현상이 발생할 수 있습니다. 더 위험한 것은 계속 똑똑하다는 칭찬을 듣기 위해 결과를 '조작'하고 싶다는 충동까지 느낀다는 사실입니다.

한 방송사에서 초등학생 아이들을 대상으로 실험을 진행했습니다. 수십 장의 낱말 카드를 보여 주고 외우게 한 다음 칠판에 암기한 낱말들을 적는 게임이었습니다. 그런데 아이들이 더 이상 기억나는 낱말이 없는 것 같을 때 진행자가 낱말 카드를 책상 위에 두고 잠시 전화를 받으러 나간다면, 아이들은 어떻게 행동할까요?

진행자가 자리를 비운 동안 어떤 아이들은 낱말 카드를 훔쳐보았고 어떤 아이들은 보지 않았습니다. 그 차이는 도덕성이나 정직함에 있지 않았습니다. 진행자가 한 칭찬의 방식에 있었습니다. 처음 낱말을 적어 내려갈 때 진행자가 '너 엄청 똑똑하다'라거나 '천재네' 하는 식으로 '재능'을 칭찬한 아이들은 모두 낱말 카드를 훔쳐보았습니다. 그러나 '많이 외우려고 노력했구나'라거나 '침착하게 기억을 떠올리고 있구나'라는 식으로 '노력'을 칭찬받은 아이들은 유혹을 이기고 진행자를 기다렸습니다.

천재라는 칭찬을 받은 아이들은 더 잘해야 한다는 압박감과 함께 낱말을 더 기억해 내지 않으면 멍청하다는 평가를 받을 것이라는 두려움을 동시에 느낍니다. 그래서 커닝을 해서라도 더 적으려고 합니다. 멍청이가 되고 싶은 사람은 없으니까요. 하지만 노력을 칭찬받은 아이는 머릿속에 천재나 멍청이 같은 극과 극의 평가가 존재하지 않습니다. 노력한다는 사실만으로도 자신은 충분하니까요. 이런 아이들은 많이 맞히지 못해도 좌절하지 않습니다. 다른 아이들이 더 많이 맞힌 사실을 알게 되더라도 더 '노력'해야 한다고 생각할 뿐입니다.

그리고 이런 생각은 아이가 인생을 살아가는 데도 똑같이 적용됩니다. 결과를 칭찬받은 아이는 새로운 문제에 부딪힐 때마다 실패할까 봐 두려워하지만, 노력을 칭찬받은 아이는 문제에 부딪힐 때마다 그것을 해결하기 위한 노력을 칭찬받기에 기뻐합니다. 나중에 어떤 아이가 더 성공하고 행복한 인생을 살고 있을까요?

어릴 때부터 칭찬만 받고 자란 아이는 선생님의 칭찬이 다른 아이를 향하고 자신에게는 질책이 쏟아지면 엄청난 충격을 받습니다. 세상에서 자신은 쓸모없는 사람이 된 것 같은 정도의 강도로 말입니다. 시험 결과만으로 자신의 가치를 평가받고 싶지 않은 것이 아이들 마음이지만, 사실 아이들은 결과를 항상 의식하고 있습니다.

따라서 부모는 아이가 결과주의에 빠지지 않도록 배려해야 합니다. 학교에서 1등을 하는 아이가 그 이유로 집에서도 서열

1위가 되지 않도록 해야 합니다. 성적이 칭찬받는 유일한 이유가 되지 않도록 집에서만이라도 아무런 조건 없이 스스로를 소중한 존재라고 느낄 수 있도록 해 주어야 합니다.

국제중을 나와서, 하버드를 나와서, 미용사가 되고 싶은 아이

우리나라가 12년 연속 세계 1위를 차지하고 있는 것이 있습니다. 슬프게도 그것은 '자살률'입니다. 그중에서도 청소년 자살률은 지난 10년 사이에 두 배 이상 증가해 세계 5위에 이른다고 합니다. 생활은 점점 더 윤택해지고 과학 기술은 점점 더 발전하고 있는데 왜 아이들은 점점 더 힘들어지는 것일까요?

2002년 어느 날 초등학교 5학년 아이가 삶을 포기하는 안타까운 선택을 했습니다. 그 아이가 남긴 일기장에는 이런 말이 적혀 있었습니다.

'내가 왜 어른보다 더 공부를 해야 하는지 이해할 수 없다. 어른인 아빠는 이틀 동안 스무 시간 일하고 스물여덟 시간을 쉬는데, 어린이인 나는 8시 30분부터 6시까지 학교와 학원, 10시까지 숙제하느라 스물일곱 시간 삼십 분 공부하고 스무 시간 삼십 분 쉰다. 왜 어린이가 어른보다 자유 시간이 적은지 이해할 수 없다. 숙제가 태산 같다. 11장의 주말 과제, 14장의 수학 숙제.

난 그만 다니고 싶다. 물고기처럼 자유로워지고 싶다.'

열한 살밖에 되지 않은 어린아이가 물고기처럼 자유로워지고 싶다고 말하는 것이 너무나 가슴이 아픕니다. 그리고 어떻게 초등학생 아이가 7~8개의 학원을 오가며 이틀 동안 스물일곱 시간을 공부할 수 있는지 상상할 수가 없습니다. 그런데 그로부터 10년이 훌쩍 지난 지금도 달라진 것은 없습니다.

부산에 사는 어느 초등학생이 쓴 동시가 뉴스에 소개된 적이 있습니다.

'나는 사립 초등학교를 나와서 / 국제중학교를 나와서 / 민사고를 나와서 / 하버드 대학에 갈 거다 / 그래, 그래서 나는 / 내가 하고 싶은 / 정말 하고 싶은 미용사가 될 거다.'

왜 미용사가 되고 싶은 아이가 하버드에 가야 하는지 궁금합니다. 더 슬픈 것은 그나마 30년 전에는 대학 입시를 목전에 둔 고등학생들이 겪던 입시 스트레스를 이제 막 학교에 들어간 초등학생들이 겪고 있다는 사실입니다.

순수하게 행복만을 추구하기에는 사회가 이미 서열화되었기 때문에 학교를 따지고 스펙을 쌓는 것은 포기할 수 없다고 말할 수도 있습니다. 그러나 내일의 행복을 외치며 눈을 질끈 감기에 12년은 너무 깁니다. 기쁨을 만끽하는 것을 미루다가 기쁨이 뭔지도 모르게 될 만큼 긴 시간입니다. 일류 대학에 가는 것을 목표로 참고 견디던 아이가 자신의 행복을 찾고 자기가 원하는 삶을 살아가기 위해서는 12년이 아니라 22년이 걸릴 수도 있습니다.

경쟁하고, 1등이 되고, 일류 학교에 가는 것이 나쁘다고 말하려는 것은 아닙니다. 그러나 칭찬받고 경쟁에서 이기는 것이 목표가 되면 아이들은 행복할 수 없습니다. 행복하지 않은 아이는 더 발전하려고 노력하지 않습니다. 그저 다른 사람의 뒤통수만 보면서 따라잡으려 애쓸 뿐입니다.

인생에서 대학 입학은 시작에 불과합니다. 80년을 산다고 했을 때 스무 살은 이제 막 눈을 뜬 아침 같은 시간입니다. 그때 세상을 다 산 노인처럼 지쳐 버린다면 그것이야말로 미래를 불행하게 만드는 일일 것입니다.

〈워싱턴포스트〉 칼럼니스트였다가 '담장 없는 학교'를 세우고 20년 동안 학생들과 평화 수업을 해 온 콜먼 맥카시는 내일을 위해 오늘을 저당 잡히는 일이 얼마나 어리석은지를 밝혀냈습니다. 그는 열여섯 살 아이의 성격과 행동은 열두 살 때 이미 결정되고, 열두 살 아이의 행동은 여덟 살 때 이미 그 습관이 잡히며, 여덟 살 아이의 행동은 세 살 혹은 네 살 때 그 뿌리가 생긴다고 보고했습니다.

다시 말해 세 살 혹은 네 살 때 자기 삶이 안전하다는 느낌을 받지 못한 아이는 여덟 살 때 불안정한 아이가 되고, 여덟 살 때 과도한 공부에 시달린 아이는 열두 살에 삶에 피로감을 느끼며 열여섯 살 때는 삶의 의욕을 잃어버릴 수도 있다는 말입니다.

아이에게 앞날을 위해 지금 참고 버텨야 한다고 말하는 것은 부모의 근심과 걱정을 전가하는 일일 뿐입니다. 지금 행복하지 않은 아이가 미래에 행복해질 수는 없습니다. 미래에 절망하지 않기 위해서는 지금 이 순간 아이가 절망하는 일이 없도록 해야 합니다.

이기는 법이 아니라
남과 다른 사람이 되는 법을 가르치는 유대인

교사가 혼자만 아는 것을 떠들기만 한다면
앵무새를 길러 내는 것과 다를 바 없다.

−《탈무드》

유대인의 자녀 교육 방식이 부모들 사이에서 선풍적인 인기를 끌던 적이 있습니다. 전 세계 인구의 0.2퍼센트밖에 되지 않는 민족이 노벨상 수상자의 30퍼센트, 하버드 대학 학생의 30퍼센트, 미국 억만장자의 40퍼센트를 차지한다는 통계 자료 때문이었습니다. 우리나라와 비교해 보면 이 수치는 더욱 놀랍습니다. 우리나라의 인구는 유대인의 세 배가 넘습니다. 국가별 지능 지수 평가에서도 우리는 전 세계 2위를 차지했지만 유대인은 32위에 그쳤고, 우리나라 학생들이 유대인 학생들보다 몇 배는 더 오래 공부합니다. 그러나 우리나라는 수학 영재는 많지만 세계적인 수학자는 적고, 어린이 행복 만족도도 최하위로 유명합니다. 왜 이런 차이가 생기는 걸까요? 가장 큰 차이는 공부하는 목적에 있습니다.

남과 다른 사람이 되기 위해 공부하는 유대인

── 유대인 부모는 1등 하는 것을 강요하지 않습니다. 그보다는 아이가 자기만의 개성을 가진 남과 다른 사람이 되기를 바랍니다. 그래서 가정에서나 학교에서나 자유롭게 질문하고 토론하는 방식으로 공부를 진행합니다. 2명씩 서로 짝을 지어 토론하는 '하브루타(Havruta)'가 바로 그것입니다.

하브루타는 나이, 성별에 상관없이 관심 있는 주제에 따라 짝을 짓고 서로의 생각을 자유롭게 이야기하는 토론식 대화입니다. 유대인들은 가정에서나 학교에서나 일상적으로 이런 토론식 대화를 주고받음으로써 다른 사람의 생각과 내 생각이 다르다는 사실을 자연스럽게 받아들입니다. 그리고 타인의 주장을 반박하는 과정에서 생각지도 못했던 아이디어들을 얻기도 하고, 자기 생각을 관철시키면서 사고력과 논리력을 키웁니다.

이런 토론으로 문제를 해결하지 못할 수도 있습니다. 서로의 관점이 너무 달라서 의견 일치는커녕 생각의 거리를 조금도 좁

히지 못하는 경우도 많습니다. 하지만 하브루타의 목적은 의견 일치도 정답 찾기도 아닙니다. 상대를 설득하기 위해 다른 사람의 입장에 서 보고, 상대의 논지를 철저하게 분석하는 것, 그리고 자신의 주장을 강화하기 위해 문제를 다양한 관점에서 바라보고 해석하며 대안을 찾으려고 노력하는 것입니다. 이런 과정이 곧 문제를 해결하는 과정이기 때문입니다. 그래서 유대인의 교실과 도서관은 언제나 시끄럽습니다. 혼자 정답을 외우는 게 아니라 함께 생각을 넓히는 공부를 하기 때문입니다. 생각의 힘을 기르는 공부 방식은 수학 올림피아드나 지능 지수 평가 등에서는 당장 뒤처질 수 있습니다. 그러나 장기적으로 세상을 변하게 하는 아이디어를 만들어 냅니다.

하브루타 대화의 시작점이자 근간은 가정입니다. 유대인들은 아이가 아주 어릴 때부터 가족 대화에 참여할 수 있도록 유도합니다. 아이가 어려도 의견을 가볍게 듣지 않으며 호기심 가득한 엉뚱한 질문도 무시하지 않습니다. 부모가 아이에게 물려주어야 하는 것은 평생 아이를 지켜 줄 자신감이라고 생각하기 때문입니다. 그래서 자기 의견을 자유롭게 표현할 수 있는 편안한 분위기를 만들어 주고, 아이의 질문이 멈추지 않도록 도와줍니다. 교실에서도 마찬가지입니다.

유대인 부모들은 학교에 보낼 때 '선생님 말씀 잘 듣고 오라'고 말하지 않습니다. 그 대신 '의심나는 게 있거든 망설이지 말고 선생님에게 물어보라'고 가르칩니다.

그런데 우리는 아이들이 시험에서 1등 하기만을 바랍니다. 아이가 정답지를 보고 외우든 하나하나 원리를 이해하며 공부하든, 벼락치기를 하든 꾸준히 공부하든 상관없이 성적이라는 결과로 아이들을 평가합니다. 이런 현실 때문에 아이들은 다른 사람의 생각은 들으려 하지 않고 오직 정답을 많이 맞히기 위한 경쟁을 합니다.

우리나라 시험에서는 정답이 둘이면 제출자의 '실수'라고 생각합니다. 정답은 하나여야 하기 때문입니다. 토론 시험이나 논술 시험, 면접에도 정답지가 있는 사회입니다. 그래서 우리는 정답을 모르면 아이나 어른이나 불안해합니다. 나 혼자만 뒤처져 무시당하거나 무리에서 소외될 것 같은 두려움이 들기 때문입니다.

한 제자가 중학생 자녀의 논술 숙제를 봐 주는데 문제 난이도가 너무 높아서 한참을 끙끙댔다고 합니다. 그래도 나름대로 논리를 맞춰 방향을 잡아 주었는데 아이 얼굴이 도무지 미덥지 못한 표정이더랍니다. 해설지와 서술 과정이 다르다면서 말입니다. 그는 논리적으로 주장이 뒷받침되면 괜찮다고 말했지만, 아이는 수긍하는 얼굴이 아니었답니다. 제자는 솔직히 자신도 답안지를 본 담임 선생님이 틀렸다고 할까 봐 불안했다면서 그다음부터는 꼭 해설지를 먼저 보고 아이에게 설명을 해 준다며 멋

쩍게 웃었습니다.

자기 생각을 써야 하는 논술조차도 정답을 외워 좋은 성적을 받아야 하는 시험일 뿐인 것입니다. 아무리 논술 숙제를 많이 한들, 사고력과 창의성이 키워질지 의문입니다.

한국의 고등학생 '수포자(수학을 포기한 자)'가 미국의 우수한 학생보다 수학 실력이 더 뛰어나다는 기사를 본 적이 있습니다. 우리나라 학생들은 문제 풀이 능력이 부족해서 수학을 포기하는 것이 아닙니다. 모든 사람이 수학자가 될 수는 없는데, 마치 모두가 수학자가 되어야 하는 것처럼 좋은 성적을 강요하기 때문에 수학이라는 과목 자체에 흥미를 잃고 자신감도 잃어버리는 것입니다. 결국 대학에 가면 수학 실력은 꾸준히 즐겁게 공부한 외국 학생들에게 역전당하고 맙니다.

결과를 중심으로 줄 세우고, 결과를 바탕으로 칭찬하고, 결과만 생각하고 잘잘못을 따지면 아이들은 '좋은 결과'를 만드는 것 외에 다른 생각은 하지 못합니다. 시험에 나오지 않는 주제는 배우려고 하지 않고, 응용문제가 나오면 쩔쩔 매고, 공부할수록 오히려 불행해지는 사람이 되고 맙니다.

아이를 위한 좋은 결과란 당장 시험에서 1등을 하는 것이 아닙니다. 그것이 칭찬받을 일인지 아닌지도 알지 못한 채 그저 좋아서 즐기며 하는 것들이 나중에 사회에 나갔을 때 진정 좋은 결과를 만들어 줍니다.

인공지능이 대신할 수 없는 인간의 능력을 이야기할 때 항상 언급되는 것이 창의성과 통찰력입니다. 그래서 이 능력을 기를 수 있는 교육 과정을 마련해야 한다는 목소리가 높습니다. 그러나 아이들의 호기심, 능력, 개인차를 고려하지 않는 지금의 주입식 교육으로는 창의성과 통찰력을 결코 기를 수 없습니다.

이 능력들의 공통점은 '변칙'입니다. 원칙에서 벗어난 새로운 아이디어, 다른 사람이 보지 못하는 것을 보는 넓은 안목, 정서적 공감과 이해를 바탕으로 예측할 수 없는 문제들을 해결하는 능력인 것입니다. 이런 능력들은 누가 가르쳐 주어서 터득할 수 있는 것들이 아닙니다. 다양성을 인정하고 실패를 용인하는 자유로운 분위기에서 생겨납니다. 남과 다른 것이 틀린 것은 아니라는 생각, 실수하고 실패해도 괜찮으며, 다른 사람의 평가에 좌우되지 않고 자기 자신의 가치를 인정하는 분위기가 만들어질 때 안심하고 호기심과 열정을 좇으며 생각할 수 있습니다.

한 가지 답만 있다고 배운 사람에게는 답을 찾는 것이 유일한 목표가 됩니다. 정답 외에는 눈길을 주지 않지요. 그러나 세상에는 한 가지 답만 있는 것이 아닙니다. 여러 갈래 길을 가 보아야 가장 빠른 길이 어디인지 알 수 있습니다. 여러 신발을 신어 보아야 내 발에 가장 편한 신발을 찾을 수 있고 여러 사람과 대화를 나눠 보아야 다른 사람들이 어떤 생각을 하고 있는지 알 수 있습니다. 그래야 느닷없이 터지는 예상 밖의 문제들을 스스로 해결할 수 있습니다. 그것이 바로 창의성이고 인공지능이 하지 못하는 인간다운 능력입니다.

틀린 게 아니라 다른 것이고, 다른 것은 좋은 것이다

자녀 교육은 '가르치는 것'이 아니라 '쌓는 것'이라고 합니다. 배운 것들이 아이 안에서 쌓이고 쌓이다 차고 넘칠 때 지혜가 생겨납니다. 끊임없이 아이의 '다른' 생각들을 존중해 준다는 전제 조건 아래 말입니다. 이런 아이들은 주입식 교육에 쉽게 물들지 않습니다. 똑같이 공부해도 자기에게 더 잘 맞는 효과적인 공부법을 찾아내고 적은 시간 공부하고도 더 좋은 성적을 받습니다.

전국적으로 상위권에 속하는 아이들의 이야기를 들어 보면 밤새우며 공부했다는 사람이 없습니다. 그만큼 자신에게 잘 맞는 효율적인 방법들을 찾아내 창의적으로 공부했기 때문입니다.

정보가 넘쳐나는 지금은 혼자 암기한 지식의 총량은 그다지 도움이 되지 못합니다. 정보는 어디에나 널려 있습니다. 앞으로 우리에게 필요한 것은 정보를 선택하고 융합하는 능력, 사람들이 필요로 하는 것을 먼저 알고 선점하는 능력입니다. 그러기 위해서는 대화와 토론을 통해 문제를 다각도로 이해하고, 분석하고, 새로운 해결책들을 모색하는 연습이 필요합니다.

남을 이기기 위한 공부는 남과 똑같아지려는 몸부림과 다름없습니다. 그 사람이 하는 대로 따라하게 되고 결국 그 사람과 동일한 성과만 얻을 수 있을 뿐입니다. 그러나 창조적 아이디어는 다른 사람을 이겨야겠다는 지나친 경쟁심에서 나오지 않습니다. 오직 남을 흉내 내지 않은 자기만의 목표를 가진 사람에게서만 나올 수 있습니다.

다른 사람의 아픔을 헤아릴 줄 아는 아이는
비뚤어지지 않는다

남을 불쌍히 여기는 마음이 없는 것은 사람이 아니고,
부끄러운 마음이 없으면 사람이 아니다.

–맹자

한 중학교 상담 교사에게 들은 이야기입니다.

반 아이들에게 지속적으로 매점 셔틀을 시킨 아이, 욕을 달고
사는 아이, 담배 피는 아이, 친구들에게 폭력을 쓰는 아이 등 일
명 문제아들을 상담실에서 만나 보면 특별히 '나쁜 아이'라는
생각이 들지 않을 때가 많다고 합니다. 다른 아이들과 마찬가
지로 관심을 받고 싶어 하는 평범한 아이인 경우가 대부분이라
는 것입니다. 그리고 '친구에게 왜 그랬느냐'라고 물으면 하나
같이 '그렇게 힘들어할 줄 몰랐다', '정말 죽을 줄 몰랐다', '괜
찮은 줄 알았다'라고 말한답니다. 그러니까 다른 사람의 감정이

어떤지 전혀 '모른다'는 말입니다.

상담 교사는 문제 아이들은 이미 사건이 일어난 뒤 주위 사람의 비난을 받을 때에야 비로소 자신의 행동을 돌아본다고 했습니다. 그만큼 다른 사람의 감정을 헤아리는 능력이 없다는 것입니다.

범죄 연령이 점점 낮아지는 것이 심각한 이유가 바로 여기에 있습니다. 나이가 어릴수록, 경험이 적을수록, 정서 발달과 인지 발달이 미숙할수록 공감 능력이 떨어집니다. 그래서 더 잔인하고 폭력적인 일을 저지를 수 있고 그에 대한 죄책감이나 부끄러움도 적게 느끼는 것입니다. 실제로 폭력 가해 학생의 뇌를 MRI로 찍어 보면, 공감을 담당하는 편도핵과 충동을 조절하는 전두엽 기능이 저하되어 있다고 합니다. 분노 같은 부정적이고 공격적인 감정을 조절하지 못해 충동적으로 폭력이나 다른 나쁜 범죄를 저지를 가능성이 그만큼 높은 것입니다.

원래부터 나쁜 아이는 없다

얼마 전 한 중학생이 학교에 불을 낸 사건이 있었습니다. 체육 수업을 위해 학생들이 모두 운동장으로 나간 사이 빈 교실에 들어가 부탄가스에 불을 붙인 것입니다. 다행히 불은 크게 번지지 않았고 다친 사람도 없었습니다.

하지만 어린 중학생의 계획된 범죄에 사람들은 큰 충격을 받았습니다.

그 중학생이 처음부터 '문제아'였던 것은 아닙니다. 중학교 1학년 때까지만 해도 성적은 최상위권이었고 선생님과 친구들에게 좋은 평가를 받는 성실한 학생이었습니다. 그런데 갑자기 전학을 가면서 문제가 발생했습니다.

낯선 환경에 적응하지 못해 점점 위축됐고 그러자 몇몇 아이의 괴롭힘이 시작된 것입니다. 담임 선생님과 상담을 해 봤지만 가해자들은 아무런 징계도 받지 않았고, 아버지 대신 생계를 책임져야 했던 엄마는 아이에게 신경 쓸 겨를이 없었다고 합니다. 아이는 혼자 폭력적인 게임을 하며 복수하는 상상을 했습니다. 그러다 방화 충동을 느꼈고 결국 제어할 수 없는 지경에 이르렀습니다.

아이는 자신을 괴롭히는 아이가 다른 친구들에게는 호의를 베풀며 아무렇지도 않게 웃고 떠드는 것을 보는 게 가장 견디기 힘들었다고 했습니다. 그러나 자신의 행동 때문에 죄 없는 다른 사람이 피해를 보고 고통받을 수 있다는 사실은 전혀 생각하지 못했습니다.

재판부는 그 중학생에게 실형 대신 소년부 송치를 선고했습니다. 한 아이가 방화라는 중범죄를 저지를 때까지 학교나 부모가 너무나 무관심했기 때문에 한 번의 기회를 더 주기로 한 것입니다. 처벌의 수위에 대해 논란이 많았던 것으로 기억합니다. 강력 범죄를 저지른 사람을 처지가 딱하다는 이유로, 또는 아직 어리다는 이유로 처벌하지 않는다면 비슷한 일이 계속 발생할 것이라는 우려가 무성했습니다. 물론 그 말이 맞습니다. 죄에 대해서는 그에 맞는 처벌을 해야 합니다. 그러나 사회적으로 격리시키는 것보다 먼저 생각해 봐야 할 것이 있습니다. 바로 '왜 그런일이 일어났는가'입니다. 원인을 따지지 않고 처벌만 한다면 아이들은 '막가파'가 될 것입니다. '이미 버린 몸'이라고 생각하고 다시 어긋날 확률이 높습니다. 다시 똑같은 일이 반복되지 않게 하기 위해서는 먼저 그 일이 생긴 원인을 찾아내 바로잡아야합니다.

특히 학교 폭력은 개인의 문제가 아니라 누구나 가해자가 될수 있고 피해자가 될 수 있다는 관점에서 접근해야 합니다. 어떤학생들은 나쁜 일이라는 것을 알지만 가해자가 되지 않으면 피해자가 되는 상황이기 때문에 가해자가 되기도 합니다. 천사와악마처럼 피해자와 가해자가 정해진 것이 아니라는 말입니다.그러므로 폭력에 대한 처벌보다 먼저 다른 사람의 고통과 슬픔을 진심으로 공감하게 해 남을 아프게 하는 것이 부끄러운 일이라는 사실을 스스로 깨닫게 해야 합니다.

프랑스에는 '쇠이유 학교'라는 것이 있습니다. 범죄에 연루된 청소년들을 소년원에 수감시키는 대신 석 달 동안 말이 통하지 않는 낯선 나라에서 1800킬로미터를 걷게 하는 프로그램입니다. 가져갈 수 있는 것은 하루 3유로의 용돈과 카메라뿐입니다. 아이들은 인솔자와 함께 먹는 것부터 잠자리 마련까지 모두 제힘으로 해결해야 합니다. 낯선 나라에서 낯선 사람들과 만나고, 동행하는 사람들과 도움을 주고받으며 아이들은 점차 사회의 일원으로 자신이 뭔가 해야 한다는 것을 깨닫습니다. 자신의 처지를 한탄하기만 하면 아무것도 달라지지 않는다는 점도 알게 되고, 하루 종일 함께 걸으며 타인 역시 아픔과 고통을 느끼는 존재라는 사실도 깨닫게 됩니다. 3개월이 지나고 각자 자신이 하고 싶은 일을 발표하는 것으로 이 프로그램은 끝이 납니다. 놀랍게도 프랑스 전체에서 청소년 범죄 재범률은 85퍼센트인 반면, 쇠이유 학교의 재범률은 15퍼센트라고 합니다.

부끄러움을 아는 아이는 어긋나지 않는다

《맹자》에 이런 이야기가 나옵니다.

'불쌍히 여기는 마음이 없는 것은 사람이 아니고, 부끄러운 마음이 없으면 사람이 아니며, 사양하는 마음이 없으면 사람이 아니고, 옳고 그름을 아는 마음이 없으면 사람이 아니다.'

맹자는 사람의 본성은 본래 선하다고 생각했습니다. 그래서 어린아이가 우물에 빠진 것을 본 사람들이 놀라고 슬픈 마음을 갖는 것은 '그 아이의 부모와 사귀고 싶어서도 아니고, 마을 사람들이나 벗에게 칭찬을 받기 위해서도 아니며, 원망을 듣기 싫어서도 아니다. 인간으로서 차마 못 본 척 할 수 없는 마음이 있기 때문이다'라고 말합니다. 자기의 옳지 못함을 부끄러워하고, 남이 옳지 못한 것을 미워하는 '수오지심(羞惡之心)'과 남을 불쌍하게 여기는 '측은지심(惻隱之心)'이 바로 그런 선함에서 비롯된 마음입니다.

이런 선한 마음이 있으면 다른 사람에게 상처를 주는 일을 차마 하지 못합니다. 남이 고통받는 만큼 자기 자신도 아프기 때문입니다. 실수를 저지를 수는 있어도 의도적으로 누군가를 괴롭히지 못합니다. 그래서 가르치지 않아도 다른 사람을 배려하고 존중합니다.

그리고 문제가 발생했을 때 자기 자신을 비하하며 인생을 포기하지 않고, 다른 사람에게 원망의 화살을 돌리지도 않습니다. 슬픈 감정에 빠져 허우적대는 시간에 모두에게 피해를 주지 않는 이로운 대책을 떠올리려고 노력합니다. 다른 사람이 행복할 수 있도록 돕는 일이 희생이 아니라 내가 행복해질 수 있는 가장 빠른 방법이라는 것을 알기 때문입니다. 사회성은 이런 선한 마음을 기반으로 발달합니다.

그러므로 사회성을 발달시키기 위해서는 아이의 선한 마음을 지켜 주고 키워 주는 교육이 필요합니다.

원래부터 나쁜 아이는 없습니다. 다만 타인의 마음을 들여다
보는 법을 배우지 못한 아이가 있을 뿐입니다.

아이의 사회성을 키워 주고 싶은 부모가
해야 할 말 vs. 하지 말아야 할 말

교육은 원래 가정에서 해야 한다.
부모처럼 자연스럽고 적합한 교육자는 없다.

—조지 허버트

아이는 부모의 거울이라는 말이 있습니다. 부모가 어떻게 행
동하느냐에 따라 아이가 달라진다는 말입니다. 폭력적이고 공
격적인 부모를 둔 아이는 폭력적인 세상에 적응할 수 있도록 뇌
가 발달합니다. 똑같이 폭력적이고 공격적인 성향을 가진 사람
이 될 수도 있고, 타인과 세상에 과도한 경계심을 갖거나 지나치
게 순종적이고 나약한 성향의 사람이 될 수도 있습니다. 반대로
감정 기복이 심하지 않고 온화한 부모를 둔 아이는 세상에 대해
서도 우호적이고 긍정적인 태도를 보이며 다른 사람과도 좋은
관계를 맺고 살아갑니다. 또 자지러지게 울어도 아무런 반응을

하지 않는 부모 밑에서 자란 아이는 다른 사람의 고통에도 무관심한 사람이 되기 쉽고, 심한 스트레스에 시달리는 부모 밑에서 자란 아이는 예민하고 불평불만이 많으며 어떤 일이든 만족하는 법이 없는 '화'가 많은 사람으로 성장할 확률이 높습니다. 부모의 말과 행동이 아이의 인생을 좌우하는 것입니다.

사람의 뇌는 태어나 5년 동안 90퍼센트가 완성된다고 합니다. 그러므로 이 시기의 부모는 말과 행동은 물론 표정과 스킨십에도 신경을 써야 합니다. 또한 부모와 아이 사이에 일어나는 일뿐만 아니라 아이가 보는 앞에서 하는 모든 말과 행동을 신경 써야 합니다.

감정에도 스토리텔링이 필요하다

항상 혼자 노는 아이, 유난히 낯가림이 심하고 아는 사람을 만나도 숨기만 하는 아이, 화가 나면 울거나 소리부터 지르는 아이, 친구가 때려도 가만히 있는 아이, 친구를 때리는 아이⋯⋯. 모두 사회성 발달에 문제가 있는 아이들입니다. 이런 아이들을 가만히 보고 있으면 다른 사람과의 의사소통을 어려워한다는 것을 알 수 있습니다. 말을 할 줄 몰라서가 아니라 어떻게 표현해야 할지 몰라서 친구를 사귀지 못합니다.

어떤 부모들은 우리 아이는 집에서는 말도 잘하고 잘 지내는데 밖에서만 그런다고 이야기하기도 합니다. 그러나 자신을 예뻐해 주는 사람들 앞에서 어리광 피우며 하고 싶은 말만 하는 것은 의사소통이 아닙니다. 말로 누군가와 상호 작용을 한다는 것은 일방적으로 듣기만 하거나 말하기만 하는 것이 아니라 듣기와 말하기가 적절하게 균형을 이루어야 하는 것입니다.

사회성이 있는 아이는 다른 사람의 말도 잘 들을 줄 알고 자기 이야기도 제대로 할 줄 압니다. 그러기 위해서는 먼저 자기감정을 제대로 읽고 표현할 줄 알아야 합니다. 단순히 '기쁘다, 화가 난다, 슬프다' 정도가 아니라 '맛있는 것을 먹어서 기쁘다'라거나 '할머니를 만나서 반갑다'라는 식으로 구체적으로 자신의 감정을 파악해야 합니다.

물론 아이들이 자기감정을 구체적으로 알기는 어렵습니다. 경험도 부족하고 어휘도 부족하기 때문입니다. 그래서 감정 발달에는 부모의 역할이 무척이나 중요합니다. 아이의 행동을 보고 그 감정을 알아주고 공감하는 말로 다시 아이에게 들려주어야 하기 때문입니다. 만약 이런 과정이 없다면 어른이 되어서도 모든 상황을 기쁨, 슬픔, 분노로밖에 표현하지 못할 수 있습니다.

만약 아이가 동생을 때렸다면 이유를 물어 보고 '엄마가 동생만 안아 주는 것 같아서 화가 났구나. 그러면 엄마한테도 서운한 마음이 들고 동생도 미워 보일 거야'라며 화가 난 아이의 마음을 공감해 주어야 합니다. 그러고 나서 누군가를 때리는 잘못된 행동을 바로잡아 주는 것이 좋습니다. 무조건 '동생을 때리면 안 돼. 넌 형이잖아' 하면서 아이를 야단치면 아이는 동생과 엄마에 대한 나쁜 감정만 키우게 됩니다.

아이들은 동생을 때리거나 장난감을 던져 놓고도 자신이 왜 화가 났는지 정확하게 알지 못합니다. 그런 상태로 시간이 지나면 왜 그랬는지는 완전히 잊어버리고 나쁜 감정만 남아서 우울한 아이가 됩니다. 그러므로 부모가 주도적으로 대화를 이끌며 아이가 속마음을 드러낼 수 있도록 해야 합니다. 그래야 아이도 자신이 왜 화가 났는지를 알고 다음에 비슷한 일이 일어났을 때 다르게 행동할 수 있습니다. 또 '화가 난다'는 감정을 '서운하다, 밉다, 억울하다, 속상하다, 답답하다' 등 다른 언어로도 표현할 수 있게 됩니다.

기분이 좋을 때도 마찬가지입니다. '목욕을 하니까 개운해서 기분이 좋구나, 친구에게 받은 선물이 마음에 들어서 기쁘구나, 놀이공원에 가게 돼서 신이 났구나' 등 무엇 때문에 기분이 좋은지 구체적으로 표현하는 대화가 필요합니다. 감정이 구체화되고 다양해질수록 아이는 표현력이 좋아지고, 자신의 감정이 엄마에게 어떤 영향을 끼쳤는지 확인하는 과정을 통해 다른 사람의 처지와 감정을 이해하는 폭도 깊어집니다. 그러면 의사소통이 원활해지고 사회성 역시 좋아질 수밖에 없습니다. 부모를 통해 자신의 감정을 들여다본 아이들은 다른 사람의 감정에도 관심을 갖기 때문입니다.

그러므로 부모가 느끼는 감정을 아이에게 들려주는 습관을 갖는 것이 좋습니다. 매일, 자주 할 필요는 없습니다. 갑자기 짜증을 냈다거나 무엇인가를 보고 깜짝 놀랐을 때처럼, 아이에게 낯선 표정을 보였을 때 짧고 쉽게 설명해 주면 됩니다.

예를 들어 몸도 아픈데 난장판으로 어질러진 집 안 풍경에 화가 났다면 안아 달라고 매달리는 아이가 힘들게 느껴질 수 있습니다. 그래서 '저리 가'라거나 '얼른 자'라고 아이에게 싫은 소리를 하는 경우가 생깁니다. 하지만 그런 말은 아이에게 상처를 남길 수 있습니다. 조금 힘들더라도 '엄마가 지금 머리가 아픈데 방이 너무 지저분해서 속상해'라고 엄마의 감정을 이야기해 주도록 하세요. 그러면 엄마를 사랑하는 아이는 '내가 도와줄게' 하며 엄마의 상황을 이해합니다.

부모가 절대 하지 말아야 할 말

────────────────────── 세 살밖에 안 된 아이가 친구에게 욕을 하는 장면을 본 적이 있습니다. 아이에게 물어보면 열이면 열 그 뜻이 뭔지도 모릅니다. 그런데 어떻게 그런 말들을 쓰는 걸까요? 무엇인가 마음에 안 들거나 화가 나는 상황에서 부

모가 했던 것을 보고 그대로 따라 하는 것입니다. 아이에게 부모의 말은 국어 교과서나 다름없습니다. 부모가 거칠고 과격한 말을 자주 쓰면 아이도 똑같이 말합니다. 반대로 부모가 다정하고 사랑스런 말들을 자주 쓰면 아이의 언어도 부드러워집니다. 그러므로 '애가 뭘 안다고'라며 생각 없이 말해서는 안 됩니다. 특히 아이들은 아직 미성숙하기 때문에 스트레스에 취약합니다. 많은 것을 기억할 수 있는 능력은 있지만 나쁜 것을 걸러 내고 방어할 능력은 없습니다. 그래서 부모가 순간적으로 뱉은 과격한 말이 아이에게는 평생 남는 상처가 될 수 있습니다.

① 일관성 없는 말

부모가 일관성 있게 행동하는 것은 아이에게 정말 중요합니다. 부모의 기준이 이랬다저랬다 하면 아이는 어떤 것이 부모의 진심인지 몰라 혼란을 겪습니다. 결국에는 믿을 수 있는 게 없다고 생각하고 아무것도 따르지 않게 됩니다. 타인과 세상에 대한 신뢰가 없는 불안정한 사람으로 자라는 것입니다.

'영어 시험 잘 보면 엄마가 ○○ 사 줄게'라고 말해 놓고 나중에 아이가 갖고 싶은 게 생겨서 시험 잘 보면 사달라고 하면 선물 받기 위해 공부하면 안 된다고 훈계를 한다거나, 아이에게는 어른들에게 예의 바르게 행동해야 한다고 가르치면서 부모가 예의 없는 행동을 한다면 아이는 부모를 믿지 않습니다.

② 아이의 기분을 죽이는 말

얼마 전 한 엄마가 지하철역에서 큰 소리로 웃으며 장난을 치는 아이에게 "하지 마, 가만히 있어"라고 버럭 화를 내는 것을 보았습니다. 아이는 갑작스런 호통에 깜짝 놀랐는지 눈을 동그랗게 뜨고 주위 사람들 얼굴과 엄마 얼굴을 번갈아 쳐다보았습니다. 그러더니 슬며시 엄마의 치맛자락을 잡고 애교를 부렸습니다. 그러자 그 엄마가 또 한 번 소리를 질렀습니다. "얌전히 좀 있으라고!" 결국 아이는 울음을 터뜨리고 말았습니다. 공공장소에서 버릇없게 행동하는 것은 엄하게 주의를 주어야 합니다. 그러나 아이를 창피하게 만들어서는 안 됩니다. 특히 많은 사람들 앞에서 혼난 아이는 부모가 자기편이 아닐까 봐 겁을 먹습니다. 그러면 관심을 끌기 위해 더 거칠게 행동하거나 자꾸 다른 사람의 눈치를 살핍니다.

그럴 때는 '모처럼 엄마랑 나와서 기분이 좋구나. 그런데 여긴 많은 사람이 함께 있는 공간이니까 나중에 뛰어놀자'라는 식으로 아이의 즐거운 기분을 죽이지 않는 대화가 필요합니다. 부모가 흥분하거나 화를 내며 '도대체 누굴 닮아 그러니'라는 식으로 아이를 원망해서는 안 됩니다.

모든 것이 아직 서툴고 미숙한 아이들은 실수를 많이 합니다. 그런데 어떤 부모들은 아이들이 하는 당연한 실수들을 모자람이나 말썽으로 생각하고 혼내는 경우가 있습니다. '너는 왜 그러니, 그러니까 하지 말랬잖아'라고요. 그러나 아이가 기분이 좋아서 자기도 모르게 저지른 실수들을 무안할 정도로 면박을 주면 눈치 보는 아이, 자존감이 낮은 아이로 자랄 수 있습니다.

③ 답이 정해져 있는 질문

부모가 듣고 싶은 말을 듣기 위해 아이에게 질문하지 마세요. 이미 정답을 알고 있다고 생각하는 부모들은 빨리 이해하지 못하고 딴소리만 하는 아이가 답답하게 느껴질 수 있습니다. 그러면 자꾸 재촉하게 되고 아이의 호기심과 창의성을 차단하게 됩니다. '이건 이렇게 해, 저건 저렇게 해'라고 가르쳐 주는 것은 쉽습니다. 하지만 '이건 이렇구나, 저건 저렇구나'라고 아이 스스로 깨닫게 해야 진심으로 배울 수 있습니다. 부모의 생각이 모두 정답은 아니라는 점도 잊지 말아야 합니다.

④ 습관적으로 하는 부정적인 말과 행동

자라는 동안 부모의 말과 행동은 아이에게 엄청난 영향을 끼칩니다. 특히 엄마의 무표정한 얼굴, 화난 얼굴, 찌푸린 얼굴, 짜증스런 말투, 귀찮은 듯한 말투, 무반응 등 부정적인 말과 행동은 한순간에 아이의 마음을 어둡게 만들 수 있습니다. 아이는 부모가 다른 사람 또는 다른 일 때문에 기분이 나쁠 수 있다는 생각을 하지 못합니다. 부모가 하는 모든 말과 행동의 원인이 자신에게 있다고 생각합니다. 그런데 그런 대상이 자주 부정적인 말과 행동을 하면 아이는 자신을 쓸모없는 부정적인 존재라고 인식하게 됩니다. 밖에서 기분 나쁜 일이 있었더라도 아이 앞에서만큼은 밝은 얼굴로 웃어 주세요. 미소를 짓는 습관은 어디에서나 좋습니다.

⑤ 지나친 기대감을 표현하는 말

아이의 타고난 기질과 재능은 고려하지 않고 자신의 기준에 아이를 맞추려 하는 부모들이 있습니다. 그들은 긴장하고 있는 아이의 마음은 생각도 안 하고 '1등 해야 해', '우승해야 해', '옆집 누구누구보다 잘해야 해'라는 말을 아무렇지 않게 내뱉습니다. 그러나 아이는 이런 말을 들을 때마다 오히려 자신감을 잃습니다. 1등을 못하면, 우승하지 못하면, 옆집 아이보다 뒤처지면 부모의 사랑을 잃을 것만 같아 불안하기 때문입니다. 이런 불안감은 '우리 부모님은 내가 잘해야만 나를 사랑한다'는 부정적인 생각을 심어 줍니다. 그리고 결과에 대한 부모의 기대가 높으면 높을수록 아이는 어느 정도까지만 노력하다가 이기지 못할 것 같으면 지레 포기하는 행동을 보입니다. 부모의 사랑을 잃기 전에 자신이 먼저 놓아 버리는 쪽을 선택하는 것입니다. 부모는 결과를 채점하는 사람이어서는 안 됩니다. 열심히 집중하고 있는 아이의 노력을 칭찬하고 지켜봐 주어야 합니다.

⑥ 부부가 서로를 비난하는 말

아이가 다치거나 성적이 떨어지거나 말썽을 일으킬 때마다 '당신 때문이야', '당신을 닮아서 그래', '집에서 제대로 가르쳤어야지', '당신이 한 게 뭐가 있어' 하면서 서로를 비난하는 부부들이 있습니다. 아이 앞에서는 부부 싸움 자체가 금물이지만 특히 아이 문제가 원인인 말다툼은 절대 해서는 안 됩니다. 아이는 자신 때문에 부모가 다투는 상황을 견디지 못합니다. 부모가 서로를 비난하는 말을 자신에 대한 비난으로 받아들이고 자책하기도 합니다. 아무리 화가 나는 일이 있어도 아이 앞에서는 참아야 합니다.

⑦ 책임감을 강요하는 말

아이에 대한 사랑과 집착을 잘 구분하지 못하는 부모들이 있습니다. 이들은 '사랑한다'라고 말하지 않고 '엄마(또는 아빠)는 너 없으면 못 살아'라고 말합니다. 또는 '네가 곁에 없으면 정말 슬플 거야. 언제나 엄마(또는 아빠) 곁에 있어 줄 거지?'라며 아이의 사랑을 강요합니다. 이런 말을 들으며 자란 아이는 부모를 책임져야 한다는 부담감을 갖습니다. 그래서 어른이 되어서도 부모에게 매여 자유롭게 행동하지 못합니다. 부모가 반대하면 진심으로 하고 싶은 일도 포기하고, 자기 꿈을 좇으려는 생각도 하지 못합니다. 자신의 행복보다 부모를 위해 희생하는 것이 당연하다고 생각하는 것입니다. 그들은 우울하고 불행한 삶을 살지만 그것을 바꿀 용기를 내지 못합니다.

'엄마 아빠가 없을 때는 네가 동생들을 책임져야 한다', '네가 형이니까 양보해야 해'라는 말을 듣고 자란 맏이의 경우 동생들을 돌보는 일에 대해 지나친 의무감을 갖는 사람도 있습니다. 그들은 부모를 대신해야 한다는 과도한 책임감 때문에 자신이 원하는 것을 당당하게 말하지 못하고, 무슨 일에든 완벽해야 한다는 강박 관념을 갖는 경우가 많습니다. 인간은 자유롭게 자신이 원하는 인생을 계획할 때 행복할 수 있습니다. 부모는 아이가 그런 행복을 누릴 수 있도록 뿌리와 날개가 되어 주는 사람이어야 합니다. 아이를 자신의 보호자로 만들어서는 안 됩니다.

아이를 살리는 부모의 말 한마디

아이를 올곧게 자라게 만드는 말은 호들갑스러운 칭찬도, 엄한 충고도, 위인들의 명언도 아닙니다. 아이의 마음을 알아주는 부모의 따뜻한 말 한마디입니다.

다음은 박목월 시인의 아들이자 서울대 명예 교수인 박동규 교수가 한국 전쟁 때 피란을 가면서 겪은 이야기입니다. 그는 이때 들은 어머니의 말 한마디가 힘든 시기마다 자신을 버티게 해 준 힘이었다고 말합니다.

내가 초등학교 6학년 때 육이오 전쟁이 났다.

아버지는 내 머리를 쓰다듬으며 "어머니 말씀 잘 듣고 집 지키고 있어"하시고는 한강을 건너 남쪽으로 가셨다. 그 당시 내 여동생은 다섯 살이고 남동생은 젖먹이였다.

인민군 치하에서 한 달이 넘게 고생하며 살아도 국군은 오지 않았다. 어머니는 견디다 못해 아버지를 따라 남쪽으로 가자고 하셨다. 우리 삼 남매와 어머니는 보따리를 들고 아무도 아는 이 없는 남쪽으로 길을 떠났다.

일주일 걸려 겨우 걸어서 닿은 곳이 평택 옆 어느 바닷가 조그마한 마을이었다. 인심이 사나워서 헛간에도 재워 주지 않았다. 우리는 어느 집 흙담 옆 골목길에 가마니 두 장을 주워 펴 놓고 잤다. 어머니는 밤이면 가마니 위에 누운 우리 얼굴에 이슬이 내릴까 봐 보자기로 덮어 주셨다. 먹을 것이 없던 우리는 개천에 가서 작은 새우를 잡아 담장에 넝쿨을 뻗은 호박잎을 따서 죽처럼 끓여 먹었다.

사흘째 되던 날, 담장 안 집 여주인이 나와서 우리가 호박잎을 너무 따서 호박이 열리지 않는다고 다른 데 가서 자라고 했다. 그날 밤 어머니는 우리를 껴안고 슬피 우시더니 우리 힘으로는 도저히 남쪽으로 내려갈 수 없으니 다시 서울로 돌아가 아버지를 기다리자고 하셨다.

다음 날 새벽 어머니는 우리가 신주처럼 소중하게 아끼던 재봉틀을 들고 나가서 쌀로 바꾸어 오셨다. 쌀자루에는 끈을 매어 나에게 지우시고, 어머니는 어린 동생과 보따리를 들고 서울을 향해 출발했다.

평택에서 수원으로 오는 산길로 접어들어 한참을 걷고 있을 때였다.

서른 살쯤 되어 보이는 젊은 청년이 내 곁에 붙으면서 "무겁지. 내가 좀 져 줄게"라고 말했다.

나는 고마워서 "아저씨, 감사해요" 하고 쌀자루를 맡겼다.

쌀자루를 짊어진 청년의 발길이 빨랐다. 뒤에 따라오는 어머니가 보이지 않았으나 외길이라서 그냥 그를 따라갔다. 한참을 가다가 갈라지는 길이 나왔다.

나는 어머니를 놓칠까 봐 "아저씨, 여기 내려 주세요. 어머니를 기다려야 해요"라고 말했다.

그러나 청년은 내 말을 듣는 둥 마는 둥 "그냥 따라와" 하고는 가 버렸다.

나는 갈라지는 길목에 서서 망설였다. 청년을 따라가면 어머니를 잃을 것 같고 그냥 앉아 있으면 쌀을 잃을 것 같았다. 당황해서 큰 소리로 몇 번이나 "아저씨!" 하고 불렀지만 청년은 뒤도 돌아보지 않았다. 나는 그냥 주저앉아 있었다. 어머니를 놓칠 수는 없었다.

한 시간쯤 지났을 때 어머니가 동생들을 데리고 오셨다. 길가에 울고 있는 나를 보자마자 "쌀자루는 어디 갔니?" 하고 물으셨다. 나는 청년이 져 준다며 지고 저 길로 갔는데, 어머니를 놓칠까 봐 그냥 앉아 있었다고 했다. 순간 어머니의 얼굴이 창백하게 변했다. 그리고 한참 있더니 내 머리를 껴안고 "내 아들이 영리하고 똑똑해서 어미를 잃지 않았네" 하시며 우셨다.

그날 밤 우리는 조금 더 걸어가 어느 농가 마루에서 자게 되었다. 어머니는 어디선가 새끼손가락만한 삶은 고구마 두 개를 얻어 와 내 입에 넣어 주시고는 "내 아들이 영리하고 똑똑해서 아버지를 볼 낯이 있지" 하면서 우셨다. 그 위기에 생명줄 같던 쌀을 바보같이 잃고 누워 있는 나를 영리하고 똑똑한 아들이라고 칭찬해 주시다니.

그 뒤 나는 어머니에게 영리하고 똑똑한 아들이 되는 것이 소원이었다. 내가 공부를 하게 된 것도 결국은 어머니에게 기쁨을 드리고자 하는 소박한 욕망이 그 토양이었음을 고백하지 않을 수 없다. 여느 사람들 눈에는 답답해 보일 수도 있겠지만, 나를 책망하지 않고 따뜻하게 감싸주시던 어머니의 말 한 마디가 지금까지 내 삶을 지배하고 있는 정신적 지주였다.

착한 내 아이만 손해 볼까 봐
걱정하는 부모들에게

학교는 학생이 세상으로부터 도망가는 사람이 아니라,
세상에 나가 참여하는 사람이 되도록 가르쳐야 한다.

−존 시알디

아이를 낳으면 절대 사교육은 시키지 않을 것이라고 큰소리 치는 사람들을 많이 보았습니다. 그런데 막상 부모가 되면 언제 그런 말을 했느냐는 듯 열혈 학부모가 되는 경우가 많습니다. 옆집 아이가 서너 개씩 사교육을 하는 것을 지켜보자니 불안해서 견딜 수가 없다는 것입니다.

사실 불안한 것은 공부만이 아닙니다. 순수하고 착한 아이, 예의 있는 아이, 정의로운 아이로 키우고 싶지만, 이웃도 경계하고 나쁜 일을 목격하면 못 본 척하라고 가르칩니다. 내 아이만 착하게 키우기에는 세상이 너무 위험하기 때문입니다.

─────────────────────── 최근 '왕따 보
험'이라는 상품이 부모들 사이에 화제가 되고 있다는 말을 들었
습니다. 학교 폭력이나 집단 따돌림 때문에 심각한 피해를 입는
아이들의 사례가 보도되면서 '우리 아이도 혹시나…' 하는 마음
에 가입하는 사람들이 많다는 것입니다. 보험 협회에 따르면 왕
따 보험 계약 건수는 전국적으로 3만 건을 훨씬 웃돈다고 합니
다. 더 가슴 아픈 사실은 실제로 학교에서 집단 폭력이나 따돌림
을 당해 보험사로부터 보상받는 일이 나오기 시작했다는 것입니
다. 이런 뉴스를 볼 때마다 불안과 걱정을 감추기 어렵습니다.

아무 일 없을 테니 걱정은 접어 두라고 말할 수 없는 세상입니
다. 그러나 부모가 아이를 보호해 주는 것에는 한계가 있습니다.
아이와 함께 학교에 다닐 수도 없고 아이가 만나는 사람들을 일
일이 단속할 수도 없습니다. 아이의 일거수일투족을 지켜보려
고 하는 것은 보호가 아니라 감시당한다는 느낌만 주고 오히려
아이를 더 힘들게 할 뿐입니다.

매일 먼 길을 걸어서 학교에 가는 손자에게 할아버지가 자전거
를 선물했습니다. 아이는 뛸 듯이 기뻤습니다. 이제 힘들게 걸어
서 학교에 가지 않아도 되고 아이들에게 자랑할 일도 생겼기 때
문입니다. 그런데 엄마가 가만히 생각하니 너무나 위험한 일이

었습니다. 학교까지는 비포장도로여서 돌부리에 걸려 넘어질 가능성이 99퍼센트였고, 차도 많고 다른 자전거도 많아 사고가 날 확률도 높았습니다. 그리고 만약 충돌 사고가 난다면 언덕 아래로 떨어져 크게 다칠 수도 있었습니다. 또 불량한 학생들이 새 자전거를 탐내며 시비를 걸고 아이를 때릴 수도 있다는 생각도 들었습니다. 그러자 도저히 잠을 이룰 수가 없었습니다. 마치 이미 사고가 일어나고 아이가 다치기라도 한 것처럼 두렵기까지 했습니다. 결국 다음 날 엄마는 자전거를 다른 사람에게 팔아 버렸고 아이는 또다시 먼 길을 걸어 학교에 다닐 수밖에 없었습니다.

자전거를 타면 사고가 날 가능성이 분명 높아질 것입니다. 그러나 언제 일어날지 모르는 불행을 막겠다고 자전거를 빼앗아 버리는 일은 아이의 희망과 기대를 눈앞에서 꺾어 버리는 것과 다름없습니다.

언젠가는 반드시 세상이라는 바다에 홀로 아이를 내보내야 할 때가 올 것입니다. 그때 노를 젓는 법도 모르고, 바람과 파도를 읽는 법도 배우지 못한 아이는 항구를 빠져나가지도 못하고 멈춰 서고 말 것입니다. 또는 바다의 깊이에 놀라 배를 탈 생각도 하지 못할 수도 있습니다. 문제는 균형입니다. 아이가 더 넓은 세상에서 성공할 수 있도록 간섭하지 않고 이끌어 주는 사랑이란 어떤 것일까요?

부모는 소프트 쿠션이 되어야 한다

──────────────────── 하버드 대학 교육 대학원 조
세핀 김 교수는 아이에게 부모는 '소프트 쿠션' 같은 존재여야
한다고 말합니다. 자신의 무릎에 소프트 쿠션이 달려 있다고 생
각하는 아이는 넘어지는 것을 두려워하지 않습니다. 그리고 쿠
션 덕분에 크게 다치지도 않습니다. 부모는 그런 역할을 해야 합
니다. 만약 부모가 그럴 수 없다면 그런 선생님을 만나게 해 주
어야 합니다.

조세핀 김 교수는 미국에서 만난 영어 선생님이 자신에게 그
런 존재였다고 말합니다. 그녀는 여덟 살 때 미국으로 이민을 갔
습니다. 영어로 대화는커녕 알파벳도 제대로 외우지 못하던 때
라 첫 시험에서 미술만 빼고 전 과목 F학점을 받았다고 합니다.
그녀는 스스로를 희망이 없는 사람이라 생각하고 좌절했습니
다. 그런데 그 위기를 넘길 수 있었던 것은 형편없는 작문 숙제
를 보고도 '지금 네 상황에서 이 정도면 100점이나 다름없다'
고 칭찬하며 방과 후에도 공부를 가르쳐 준 선생님 덕분이었다
고 합니다. 안 그래도 낯선 환경에 위축되어 있던 그녀에게 '지
금 잘하고 있다'는 말은 자부심을 갖게 해 주었고 더 잘할 수 있
다는 용기를 주었다고 합니다. 선생님의 그런 믿음이 그녀에게
'자신감'이라는 소프트 쿠션이 되어 준 것입니다.

하버드 대학에는 뛰어난 학생들이 모여 있다 보니 그곳에서

공부하는 학생들은 스트레스를 받는 일이 많다고 합니다. 그런데 이런 분위기 속에서도 평정심을 잃지 않고 자기 공부에 집중하는 아이들은 어릴 때 부모에게 "힘들다는 거 알아. 그래도 우리는 네가 잘 이겨 내리라 믿는다"라는 말을 듣던 학생들이었습니다.

공부를 잘하는 아이든 그렇지 않은 아이든, 재주가 많은 아이든 없는 아이든, 인생에서 어려움을 겪지 않는 사람은 없습니다. 어떤 어려움이 언제 닥칠지 모르는 불확실한 세상에서 아이를 지탱하게 해 주는 것은 스스로를 믿는 자신감과 자존감입니다.

부모가 아이 앞에 놓인 모든 난관을 다 없애 주겠다는 목표를 세운다면 반드시 실패할 뿐만 아니라 아이도 나약하게 만들 것입니다. 부모는 아이가 좌절할 때 '그럼에도 불구하고 나는 소중한 존재다, 또 도전해 보겠다'라는 용기를 일깨워 주는 사람이 되어야 합니다.

아이에게 실패를 허용하라

비워야 채워진다.

-노자

교육열이 높은 나라일수록 부모를 일컫는 별명이 참으로 많습니다. 우리나라도 예외는 아닙니다. '강남맘, 목동맘, 대치맘, 돼지맘, 알파맘, 캥거루부모, 헬리콥터부모, 제설차부모, 잔디깎이부모' 등 외국에서 수입된 말부터 자생적으로 생겨난 말까지 부모들의 별명은 계속 진화 중입니다. 그런데 이렇게 각양각색인 별명들도 사실 그 의미는 크게 다르지 않습니다. 대부분 아이에 대한 부모의 '과잉보호'를 빗댄 말들이기 때문입니다. 늘 아이 곁에 머물며 공부는 물론 친구 사귀기까지 하나하나 간섭하고 보살피는 부모, 아이가 일으킨 사건이나 사고까지 모두 해결해 주고 혹시나 발생할지도 모르는 장애물을 미리미리 제거해 주는 부모들 말입니다.

그들이 칠전팔기 도전할 수 있었던 이유

물론 이런 과잉보호가 부모 개인의 잘못만은 아닙니다. 초등학생 부모 가운데 77퍼센트가 무거운 책가방을 메고 학교와 학원을 오가며 공부하는 자녀가 안쓰럽다고 말합니다. 하지만 '다른 아이들보다 잘하기 위해서 사교육이 필요하다, 사교육 열풍은 더 심해질 것'이라고 생각하는 부모가 85퍼센트를 넘습니다. 힘든 것은 알지만 어쩔 수 없는 현실이라는 말입니다.

사회가 정해 놓은 틀에 맞춰 다 함께 획일화된 성공을 좇다 보니 함부로 빠져 나올 수 없는 선착순 달리기 같은 경쟁에 내몰린 것입니다. 빨리 뛰려면 넘어지면 안 됩니다. 한눈을 팔아도 안 됩니다. 한 번이라도 넘어지면 다시 따라잡는 데 어마어마한 시간과 에너지가 필요하기 때문입니다. 어쩌면 뒤처진 상태에서 경주가 끝날지도 모릅니다. 그래서 부모들이 조바심치며 장애물이 나타나면 대신 치워 주고 자신이 날개가 되어 주려고 애를 쓰는 것입니다.

부모로서 그 마음을 모르지 않습니다. 하지만 부모들이 놓치고 있는 것이 있습니다. 이 경주에서 가장 중요한 변수는 장애물이 아닙니다. 아이들이 뛰고 있는 인생이라는 경주가 부모가 생각하는 것보다 훨씬 더 길다는 사실입니다. 고등학교 입학, 대학입학은 시작에 불과합니다. 그 뒤에는 아이 앞에 부모가 한 번도가 보지 않은 길이 펼쳐질 것입니다. 그 길이 험할지 평탄할지누구도 예측할 수 없습니다. 좀 더 유리한 자리나 도구를 이용할 수는 있겠지만, 어쨌든 어려움은 있을 것이고 헤쳐 나가야 합니다. 그때 필요한 것은 모든 어려움을 대신해 줄 사람이 아니라스스로 헤쳐 나가려고 하는 힘입니다.

부모는 어려움을 없애 주는 것이 아니라 헤쳐 나가는 방법을알려 주어야 합니다. 행복한 사람은 고통을 모르는 사람이 아닙니다. 고통을 극복할 줄 아는 사람입니다. 그리고 성공한 사람은실패한 적이 없는 사람이 아닙니다. 실패를 딛고 일어선 사람입니다. 실패한 사실보다 스스로 낙오자라고 여기고 아무것도 도전하지 않을 때 우리 인생은 진짜 실패하게 됩니다.

미국의 5대 부자로 손꼽히는 투자의 귀재 워런 버핏은 하버드대학 경영 대학원에 지원했다가 거부당했습니다. 그는 한 언론과의 인터뷰에서 하버드 대학에 불합격한 일 때문에 엄청나게괴로웠다고 말했습니다. 무엇보다 아버지를 실망시켰다는 사실이 그를 고통스럽게 했다고 합니다. 그러나 예상과는 달리 아버지는 전적으로 그를 신뢰했고 그는 컬럼비아 대학 경영 대학원에 진학했습니다. 그리고 그곳에서 가치 투자의 원조 벤저민 그레이엄 교수를 만나 지금의 투자 방식을 설계할 수 있었습니다. 그는 "끔찍했던 실패가 나중에 오히려 인생의 행운으로 생각되는 경우가 더 많다"고 말했습니다. 실패도 행복도 모두 일시적인 사건일 뿐 영원한 실패는 없다는 것입니다.

《해리포터》의 작가 조앤 롤링은 정부에서 주는 생활 보조금을 받아 생활하는 가운데 소설을 완성했지만 무려 열두 군데의 출판사에서 거절당했습니다. 토머스 에디슨은 선생님으로부터 뭔가를 배우기에는 너무 멍청하다는 평가를 받은 학습 부진아였고, 알베르트 아인슈타인은 네 살 때까지 말을 못하고 일곱 살 때까지 글을 읽지 못했습니다. 또 스티브 잡스는 서른 살에 자신이 창업한 회사인 애플에서 해고당했다가 다시 재기했으며, 영화감독 스티븐 스필버그는 서던 캘리포니아 대학 영화 학교에 들어가고 싶었지만 입학을 거부당했다가 성공한 뒤에야 명예 학위를 받았습니다. 누구에게나 실패는 쓰고 뼈아픕니다. 그러나 실패를 딛고 일어서야 성공도 할 수 있습니다.

여러 번 실패해야 여러 번 성공할 수 있다

────────────────────────── 엄마 배 속에서 자유자재로 움직이던 아이는 세상에 나온 직후 할 수 있는 게 아무것

도 없습니다. 그래서 자신의 좌절감을 울음으로 표현합니다. 부모는 아이의 울음을 읽어 내며 안정적이고 안전한 안식처가 되어 주어야 합니다. 하지만 아이가 자라 자신의 의지로 무언가를 하려고 할 때부터는 아이가 혼자 도전할 수 있도록 부모가 도와주어야 합니다.

의존적인 성향이 강한 아이들은 어떤 일이든 부모에게 해 달라고 요구하기도 합니다. '엄마가 들어 줘, 엄마가 먹여 줘, 엄마가 입혀 줘' 하면서 떼를 쓰는 경우가 많습니다. 조금만 어려워도 스스로 하려 하지 않고 엄마에게 매달립니다. 엄마가 없으면 아빠, 아빠가 없으면 다른 사람에게 대신 해결해 달라고 떼를 씁니다. 이때 무조건 아이의 요구를 다 받아 주면 아이는 혼자서는 아무것도 하지 못하고 더욱 의존적인 사람으로 자라게 됩니다.

혼자 옷을 입고 신발을 신는 일부터 숙제하고 시험을 치는 일까지 아이의 작은 도전들을 응원해 주고 지켜봐 주세요. 느리고 서툴러도 혼자 하는 것들을 늘려 나가는 즐거움을 느끼게 해 준다면 아이는 더 힘든 일들도 해 볼 용기를 갖습니다. 그리고 무엇보다 중요한 것은 실패했을 때 부모의 반응입니다. 마음처럼 일이 돌아가지 않을 때, 원하는 것을 이루지 못했을 때 아이는 분노와 슬픔을 느낄 수 있습니다. 이런 감정들을 미리 차단해 주는 것이 아이를 행복하게 만들어 주는 일이 아닙니다. 그보다는 아이의 감정들을 공감해 주고 이해해 주면서 다시 자신감을 얻을 수 있도록 도와야 합니다. 나이가 들수록 좌절할 일은 점점 많아집니다. 공부는 어려워지고 취업은 힘들고 경쟁은 심해집니다. 실패하고 그럼에도 불구하고 다시 시작하면서 스스로 성취하는 경험을 쌓지 않는다면 앞으로 다가올 수많은 도전 앞에서 뒷걸음질 치는 나약한 사람으로 자랄 수 있습니다.

토머스 에디슨은 늘 이렇게 말했다고 합니다.

"난 실패를 만 번 한 것이 아니라 가능하지 않은 것이 무엇인지 만 번 발견했을 뿐이다."

아이의 실패는 새로운 기회를 발견해 나가는 과정 가운데 하나일 뿐입니다. 그러니 부모가 먼저 걱정하고 슬퍼하며 아이의 일에 간섭해서 실패를 두려워하게 만들지 말아야 합니다. 실패하는 것보다 열정을 가지고 시도한다는 것이 더 중요합니다.

행복이란 모든 것이 풍족하고 안전한 삶에 있지 않습니다. 어려움도 슬픔도 기쁨도 있지만 자신의 인생을 자신의 의지대로 움직이며 어려움과 슬픔을 헤쳐 나갈 수 있을 때 행복도 느낄 수 있습니다. 자유 의지가 없는 상태에서는 돈이 아무리 많아도 결코 행복하지 않습니다. 남이 시키는 대로 해서 얻는 성공은 성취감이 없습니다. 자기가 한 게 아니기 때문입니다. 작은 일이라도 스스로의 힘으로 성취했을 때 기쁨은 두 배가 됩니다. 고민이 없고 방황하지 않는 아이는 걱정과 근심이 없는 아이가 아니라 기쁨과 행복을 모르는 아이로 자랄 가능성이 높습니다.

3장

어디서나 당당하고 환영받는
아이로 만드는 11가지 자녀 교육 원칙

아이의 '베프'가 되려고 하지 마라

아이를 야단치지 않는 사람은 나중에 자신의 가슴을 치게 될 것이다.

―터키 속담

고등학교 1학년 아들과 중학교 1학년 딸을 둔 한 40대 가장의 이야기입니다.

그는 직업상 야근도 잦고 술자리도 많아 한밤중이 되어서야 집에 들어갈 때가 많았다고 합니다. 그래서 주말이 될 때까지 아이들 얼굴도 제대로 못 보는 날이 많았지만, 열심히 돈을 버는 것이 지금 자신이 해야 할 일이라고 생각했습니다. 아내는 아이들 교육에 열성이었습니다. 과외비나 학원비 지출이 지나치게 많다는 생각은 들었지만 아이들도 언제나 최상위권 성적을 받고 아내의 뜻도 워낙 강경해 간섭하지 않았습니다. 그런데 성적이 올라갈수록 아이들이 집에서 보이는 태도는 점점 엉망으로 변했습니다. 마치 부모를 위해 공부하는 사람처럼 성적이 오를 때마다 물질적으로 보상을 받으려 하고, 자기 방을 치울 때조차 손 하나 까딱하지 않았습니다. 더 큰 문제는 아이들의 버릇없는 행동들을 다 받아 주는 아내였습니다.

어느 날 아들이 아내에게 버릇없게 구는 모습을 보고 아이들을 불러 혼냈더니, 오히려 아내는 성인이 되면 자연스럽게 고쳐질 텐데 왜 공부하는 아이들에게 스트레스를 주느냐며 화를 냈다고 합니다. 게다가 아이들은 반성은커녕 자신을 엄청나게 권위적인 꼰대로 바라보는 것 같더랍니다. 그는 아버지의 말을 무시하는 것에도 충격을 받았지만, 집에서나 학교에서 1등이라는 이유로 떠받들어지기만 하던 아이들이 나중에 사회에 나가 소외되지는 않을까 정말 걱정이라고 말했습니다.

경쟁이 치열해지고 사회가 삭막해질수록 인간에 대한 예의는 후순위로 밀리기 쉽습니다. 먹고 살기 바쁘니 부모님은 나중에 찾아뵙고, 공부하기 바쁘니 효도는 나중에 하고, 경쟁에서 이겨야 하니 예의는 나중에 차리자고 미뤄 버리는 것입니다.

특히 숨 돌릴 틈 없이 빡빡한 학원 스케줄을 짜고 아이를 여기저기 데리고 다니는 부모들의 경우 공부를 제외한 다른 것들에 심하게 관대한 태도를 보입니다. 공부하는 중이면 할아버지 할머니가 오셔도 인사하러 나오지 않아도 되고, 입을 옷부터 마실

물까지 엄마가 챙겨 주고, 학교가 마음에 안 든다고 하면 전학도 시킵니다. 집안일이나 심부름을 시키는 것은 고사하고 아이가 제멋대로 행동하는 것까지 눈감아 주기도 합니다. 아이에게 공부 스트레스를 주는 것에 대한 미안함을 덜기 위해 아이의 무리한 부탁과 요구를 들어주는 것입니다.

이런 집안 분위기는 은연중에 아이에게 자기밖에 모르는 이기적인 태도를 용인하겠다는 메시지를 줍니다. '너만 챙기면 돼, 부모는 신경도 쓰지 마, 너만 잘되면 돼'라는 메시지 말입니다. 그렇게 되면 아이는 미안함도 죄책감도 없이 자기만 위하고 자신의 이익만 생각합니다. 부모만이 아니라 다른 사람과의 관계에서도 마찬가지입니다.

지나친 희생도, 쿨한 친구도 좋지 않다

요즘 젊은 부모들은 부모의 권위를 지켜야 한다고 말하면 펄쩍 뜁니다. 21세기 첨단 디지털 시대에 웬 가부장적인 이야기냐고요. 젊은 부모들일수록 아이와 친구가 되고 싶어 합니다. 아이스크림을 나누어 먹고 같이 쇼핑하고 친구 흉을 보기도 하면서 아이의 '베프'가 되길 꿈꿉니다. 그러나 가깝고 편한 친구가 되려고만 해서는 교육을 시킬 수 없습니다. 왜냐하면 친구가 되기 위해서는 아이에게 많은 것을 양보하고 맞춰야 하기 때문입니다. 그러다 보니 친구라고 해도 평등한 관계가 아니라 부모가 끌려다니는 듯한 관계가 형성됩니다. 그러면 아이가 잘못을 저질렀을 때 부모의 말이 아무런 영향력을 발휘하지 못합니다. 해 달라는 대로 다 해 주던 사람이 갑자기 엄하게 화를 내면 변덕을 부린다고 생각할 뿐 자신이 잘못했다고 생각하지 않습니다. 오히려 부모를 원망하며 등을 돌릴 수도 있습니다. 이제 와서 왜 이러냐고 말입니다.

친한 친구가 되려고 하는 부모가 아이에게도 편하고 좋기만 한 것은 아닙니다. 아이는 속마음을 털어놓을 수 있는 편한 사람도 필요하지만 롤모델도 필요합니다. 아이는 자신이 완벽하지 않다는 것을 알고 있습니다. 특히 사춘기가 되면 정서적으로 불안정함을 자주 느낍니다. 그런데 부모가 자신의 말대로 무조건 맞춰 주고 자신과 똑같이 행동하려고 하면 부모 역시 불안정한 존재일 뿐이라고 생각합니다. 믿고 의지할 사람이 주위에 전혀 없게 되는 것입니다. 그러므로 아이를 위해서도 부모의 역할을 무너뜨리지 않는 권위가 필요합니다.

요즘은 아이들을 기죽일 수 있다는 이유로 잘못했을 때조차 엄하게 가르치지 않는 부모가 많습니다. 그러나 권위를 잃지 않는 것과 권위적인 것은 다릅니다. 권위적인 교육이 무조건 자신만 옳다고 하고 자기 말만 따르게 하는 것이라면, 권위를 잃지 않는 교육은 스스로 모범을 보이며 믿고 따르게 만드는 것입니다. 이런 부모의 권위는 아이를 자신감 있게 자기 의견을 이야기하면서도 예의를 지킬 줄 아는 사람으로 키웁니다.

자녀 교육에서 아빠를 완전히 배제해서도 안 됩니다. 자녀 교육은 엄마가 전담하는 가정이 대부분이다 보니 아빠는 용돈이나 학원비를 주는 사람으로 전락하는 경우가 많습니다. 그러나 한 설문 조사에 의하면 비슷한 성적을 받는 중학생 아이들 가운데 아빠와 관계가 나쁘거나 소원한 아이들은 40퍼센트만 자기 삶에 만족한 반면, 아빠와의 사이가 좋은 아이들은 70퍼센트가량 자기 삶에 만족한다고 답했다고 합니다. 크든 작든 아빠의 자리는 반드시 필요합니다.

예의를 가르치는 일은 평생 친구를 얻게 해 주는 일이다

미국의 34대 대통령 드와이트 아이젠하워의 어머니는 다른 부모들에 비해 아이들에게 자유를 많이 허용했지만 나쁜 행실만큼은 엄하게 단속했다고 합니다. 그녀는 집에서 술을 먹는 것을 완전히 금지한 것은 물론이고 단정하게 옷을 입고 사치를 피하는 것, 다른 사람이 식사를 마칠 때까지 일어나지 않는 것, 정중하게 말하는 것 등 일상생활에서 지켜야 할 작은 예절도 엄격하게 가르쳤습니다. 살면서 해야 할 일과 하지 말아야 할 일을 분명하게 일깨워 줌으로써 언제 어디서든 매너를 잃지 않고 성실하게 살아가기를 바랐기 때문입니다. 미국의 초대 대통령 조지 워싱턴 역시 죽기 직전까지 가슴에 품고 다녔던 수첩에 사람이 살아가면서 지켜야 할 도리와 가치, 예절들이 빼곡하게 적혀 있었다고 합니다.

조선시대 대학자 율곡 이이 선생이 학문을 처음 시작하는 학생들을 위해 쓴 《격몽요결》에도 인생을 살아가면서 지켜야 할 도리가 공부법만큼이나 중요한 덕목으로 쓰여 있습니다. 특히 그는 집안사람들에게 사치와 호화를 금지하고 항상 검소하게 생활할 것을 강조했으며, 동기간에는 우애를 돈독히 하고 부부간에는 존중으로 대하며 하인이라고 하더라도 함부로 대해서는 안 된다고 말했습니다.

동양과 서양을 막론하고 명문가로 손꼽히는 가문들에서는 모두 예절을 가장 중요한 덕목으로 생각했습니다. 성공하기 위해서는 인간관계가 무엇보다 중요하다는 것을 알았기 때문입니다. 다른 사람에게 예의를 갖추는 것은 그 사람을 존중하고 공경하는 마음의 표현입니다. 그런 마음으로 자신을 대해 주는 이를 싫어할 사람은 없습니다. 그렇기 때문에 명문가에서 어릴 때부터 예절이 몸에 밸 수 있도록 가르친 것입니다.

공자는 훌륭한 사람과 그렇지 않은 사람의 차이는 능력이나 재능에 있는 것이 아니라 '예의'에 있다고 했습니다. 부모에게 효도하고 공경하는 사람은 다른 사람에게 함부로 행동하지 않고 자기 자신은 물론 다른 사람에게도 이로운 삶을 살기 때문입니다. 부모를 공경하지 않고 다른 사람을 존중하지 않으면서 공부만 잘하여 능력을 갖게 된 사람은 그 능력을 남을 위해 쓸 수 없습니다. 그는 그 능력을 자기만을 위해 쓰다가 결국 자기도 망하고 남도 망칠 수 있습니다.

훈육할 때 부모가 지켜야 할 11가지 원칙

잘못을 하는 것이 나쁜 것이 아니라
잘못을 하고도 고치지 않는 것,
그것을 허물이라고 한다.

−《논어》, 위령공 편 29장

아이들을 어떻게 공부시켰느냐는 질문만큼 자주 받는 질문이
하나 있습니다. 아이가 잘못을 저질렀을 때 현명하게 혼내는 방
법이 있느냐는 것입니다. 말 안 들을 때마다 혼내면 의기소침하
고 눈치 보는 아이로 만들 것 같고 그렇다고 혼내지 않으면 제
멋대로인 아이가 될 것 같고, 큰 잘못은 혼내고 작은 잘못은 놔
두자니 일관성이 없는 것 같고…… 혼내야 할 일이 생길 때마
다 혼란스럽다는 부모가 많습니다. 저는 이런 질문을 받을 때마
다 부모들에게 이 한마디만 잊지 않으면 된다고 말합니다. 바로
'욱하지 말자'입니다.

사실 부모가 아이를 혼낼 때 하지 말아야 할 말과 행동은 수없이 많을 것입니다. 그것을 모두 기억하기란 어렵습니다. 그리고 내 아이와 당시 상황에 딱 들어맞는 것은 없습니다. 왜 혼내는지, 무엇을 알려 주어야 하는지를 가장 잘 아는 사람은 부모입니다. 그런데 혼낼 때마다 뭔가 실수한 것 같고 후회하게 되는 이유는 훈육하는 목적을 잊고 감정을 폭발시켰기 때문입니다.

'욱하지 맙시다'

-------------------- 다섯 살 민호와 민호의 엄마는 아침마다 전쟁을 벌입니다. 맞벌이 부부인 엄마와 아빠가 출근하는 시간에 맞춰 민호도 어린이집에 갈 준비를 해야 하기 때문입니다. 잠도 덜 깬 아이를 씻기고 옷을 입힌 뒤 밥 먹일 시간도 빠듯해 손에 토스트를 쥐어 줄 때마다 민호 엄마는 마음이 아팠습니다.

그런데 그날따라 민호가 어린이집에 가지 않겠다고 떼를 쓰더랍니다. 민호 아빠는 아침 회의가 있어 먼저 출발하고 혼자서 정신없이 출근 준비를 하고 있는데 그 마음을 아는지 모르는지 민호는 옷을 입혀 주면 벗어 버리고 신겨 준 양말은 내팽개치고 자기랑 놀아달라고 떼를 썼습니다. 당장 출근해서 해야 할 일이 너무 많은데, 지각할 때마다 은근히 눈치를 주는 동료들도 보기 싫은데, 아이까지 말을 안 들으니 갑자기 왜 모두 나를 힘들게

하는가 하는 원망스러운 마음이 들면서 울컥 화가 났습니다. 그래서 "그만해, 엄마도 힘들어. 계속 이러면 엄마 혼자 가 버릴 거야!" 하고 소리를 지르며 현관문을 열고 나가 버렸습니다. 문 안쪽에서 아이가 엄마를 찾으며 통곡하는 소리가 들렸지만 바로 들어가서 달래면 또 매달릴 것 같아서 10분 동안 밖에서 기다렸습니다. 그리고 다시 들어가자 아이는 울다 지쳐서인지 엄마가 하자는 대로 집을 나섰습니다. 그런데 이튿날 아침 출근 준비를 하는데, 빨리 나가야 하니까 양말을 신으라고 했더니 아이가 이렇게 말하더랍니다.

"응, 안 그러면 엄마가 나 버리고 갈 거지."

순간 민호 엄마는 가슴이 철렁 내려앉았습니다. 그리고 아이에게 달려가 절대 그럴 일 없다고 엄마가 미안했다고 말하면서 또 한 번 눈물을 흘렸다고 합니다.

출근은 해야 하는데 아이는 울며 매달리는 상황이 얼마나 힘들었을지 상상이 갑니다. 민호 엄마에게도 참으로 길고 힘든 10분이었을 것입니다. 그러나 엄마가 화를 내며 현관문을 열고 나가 버렸을 때 민호가 느꼈을 두려움에 비하면 결코 크다고 할 수 없습니다. 엄마에게 10분은 감정을 가라앉히는 시간이었겠지만, 민호에게 10분은 엄마가 영영 돌아오지 않을지도 모른다는 두려움에 떠는 시간이었을 것입니다. 자칫 잘못해서 그 시간이 길어졌다면 아이에게 평생 트라우마로 남을 수도 있습니다.

어떤 경우에라도 아이를 혼낼 때는 공포감을 갖게 해서는 안 됩니다. 자신을 혼내고는 있지만 엄마 아빠가 나를 사랑하고 있다는 믿음을 깨뜨리는 행동을 해서는 안 된다는 말입니다. 아이를 훈육할 때 가장 중요한 원칙이 '욱하지 말자'인 이유가 바로 여기에 있습니다. 일단 감정적으로 울컥해서 혼내면 마음속에 있던 원망과 분노가 날것 그대로 아이에게 전달됩니다. 아무리 어려도 상대가 자기에게 보이는 태도가 호의인지 적의인지는 압니다. 세상에서 유일하게 믿고 의지할 수 있는 사람이 자신을 버릴지도 모른다거나 자신을 미워한다고 생각하면 그 상황이 아이에게는 인생 최대의 공포가 됩니다. 그러면 아이는 자신이 뭘 잘못했는지는 생각하지도 못하고 그저 그 상황이 무서워서 피하려고만 합니다. 부모의 절제되지 못한 미성숙한 감정이 아이의 두려움을 증폭시키는 것입니다.

어른도 뜻대로 일이 풀리지 않으면 화가 납니다. 다만 화를 내야 할 상황인지 아닌지 판단하고 자제할 수 있는 힘이 있을 뿐입니다. 그러나 아이는 자제력도 부족한 데다 스스로 상황을 바꾸고 해결할 수 있는 선택권도 없습니다. 부모가 결정한 대로 따를 수밖에 없는 처지인 것입니다.

자신이 생각한 대로 일이 진행되지 않을 때 아이가 할 수 있는 일은 떼를 쓰는 것밖에 없는 경우가 대부분이라는 말입니다. 그

때 아이를 야단치기만 하면 아이는 받아들이지 못합니다. 함께 문제 상황을 헤쳐 나가자는 존중의 태도를 아이에게 보여 주어야 합니다. 그러기 위해서는 부모와 아이가 함께 있는 자리에서 규칙을 세우고 아이가 자발적으로 따를 수 있도록 해야 합니다.

규칙은 함께 만들어라

교육 심리학자 요세프 크라우스는 자신의 책 《부모의 권위》에서 자녀를 교육하기 위해서는 첫째 사랑이 필요하고, 둘째 확실한 규칙이 필요하다고 말합니다. 그의 말처럼 특히 아이를 야단칠 때는 규칙이 필요합니다. 그래야 감정에 치우치지 않고 일관성 있는 메시지를 전달할 수 있습니다. 그리고 야단을 맞더라도 자신의 삶이 무너지지 않고 안전할 것이라는 믿음을 아이에게 줄 수 있습니다.

가장 좋은 규칙은 대화와 타협을 통해 아이와 함께 만드는 것입니다. 만 세 살이 넘으면 부모가 설명하는 이야기를 듣고 이해할 수 있을 정도로 몸과 마음이 성장합니다. 예를 들어, 맞벌이 부부의 아침 출근 시간 같은 경우는 어느 집이나 전쟁터 같습니다. 어느 하루 시간을 내서 '아침에는 떼쓰지 않는다, 8시에 집에서 나간다' 등의 규칙을 아이와 함께 세우는 것이 좋습니다. 일방적으로 '이렇게 하자'가 아니라 '엄마와 아빠가 다니는 회사에는 여러 사람이 함께 일을 해. 그런데 엄마랑 아빠만 늦으면 그 사람들을 힘들게 하는 거야. 그래서 아침에는 같이 놀아 줄 수 없어. 민호가 엄마와 아빠를 조금만 도와줘'라는 식으로 엄마 아빠의 상황을 설명하고 이해할 수 있는 시간을 주어야 합니다.

부모가 아이를 혼내고 싶지 않듯이 아이 역시 부모를 힘들게 할 생각으로 행동하지 않습니다. 부모가 도와 달라고 말하면 아이는 진심으로 부모를 도우려고 합니다. 그런 기회를 아이에게 주면서 규칙을 만들면 아이도 이유 없이 떼를 쓰지 않습니다.

규칙은 각 가정의 상황에 맞게, 아이의 기질에 맞게 정해야 할 것입니다. 단, 다음의 열한 가지 원칙은 부모가 공통적으로 지켜야 합니다.

훈육할 때 부모가 지켜야 할 열한 가지 원칙

① 부모의 감정을 실어서 혼내지 마세요

누구나 감정이 격해지면 말이나 행동이 거칠어집니다. 그럴 때는 아이에게 옳고 그름을 일깨워 주는 게 아니라 오히려 나쁜 기억만 심어 줄 수 있습니다.

② 그 자리에서, 짧게, 한 가지 잘못만 말하세요

아이를 혼낼 때는 잘못을 발견한 즉시 그 잘못에 대해서만 짧게 이야기해야 합니다. 아이가 집중할 수 있는 시간은 아주 짧습니다. 너무 길게 설명하거나 지난날의 잘못을 상기시키면서 혼내면 아이는 오히려 아무것도 기억하지 못합니다.

③ 부부의 의견은 하나로 통일하세요

아빠와 엄마의 말이 다르면 아이는 혼란을 겪습니다. 그리고 더 크면 자신에게 유리한 쪽의 말을 방패 삼아 원하는 것을 얻으려고 합니다. 어느 쪽이든 아이가 보지 않는 곳에서 부부가 먼저 합의를 하고 하나의 메시지를 전달해야 합니다.

④ 해명하는 아이의 말을 끊지 마세요

어떤 행동이든 아이 나름대로는 이유가 있게 마련입니다. 그 이유를 설명할 수 있는 시간을 주고 끝까지 들어 주세요. 그 마음을 이해해 주어야 아이도 부모의 말을 더 잘 받아들일 수 있습니다.

⑤ 예쁘고 부드러운 말이 아니라 단호하고 분명한 말을 사용하세요

혼낼 때는 예쁘고 부드럽게 말해서는 안 됩니다. 질문을 던지면서 스스로 깨우칠 수 있게 하는 것도 이때는 해당되지 않습니다. 만약 아이가 자꾸 높은 곳에 올라가려고 한다면 '그 위에는 올라가면 안 돼'라고 단호하고 분명하게 말을 해야지 '올라가면 될까, 안 될까?'라거나 '떨어지면 아플까, 안 아플까?'라는 식으로 질문을 던져서는 안 됩니다.

⑥ 매는 절대 안 됩니다

아이에게 '사랑의 매'는 없습니다. 부모와 아이의 관계만 소원하게 만들 뿐입니다.

⑦ 다른 사람이 보는 앞에서 혼내지 마세요

어린아이라고 해도 다른 사람이 보는 앞에서 혼내면 수치심을 느낄 수 있습니다. 잘못을 했다고 하더라도 아이를 인격체로 존중해 주는 태도가 필요합니다. 특히 형제가 함께 있을 때 혼내는 것은 아이에게 큰 상처를 줄 수 있습니다.

⑧ 공포감이나 지나친 부담감을 주지 마세요

'엄마 혼자 갈 거야', '무서운 아저씨가 와서 잡아가게 할 거야', '할머니 댁으로 보내 버릴 거야' 등 아이를 겁주는 말로 훈육하지 마세요. 그러면 자신감 없고 두려움 많은 아이로 자랄 수 있습니다.

⑨ 어떤 때는 봐주고 어떤 때는 혼내지 마세요

훈육의 기본은 일관성입니다. 엄마가 기분 좋을 때나 낯선 사람이 있을 때는 봐주는 식으로 훈육하면 아이는 자기 잘못을 반성하지 못하고 오히려 반항심을 가질 수 있습니다.

⑩ 아이가 반성했을 때는 따뜻하게 안아 주세요

잘못에 대해서는 단호하고 분명하게 말해 주되, 아이가 자기 잘못을 반성할 때는 안아 주고 여전히 부모가 자신을 사랑하고 있다는 사실을 느끼게 해 주어야 합니다.

⑪ 부모가 함께 규칙을 지키고 있다는 사실을 보여 주세요

좋은 자녀 교육은 설교와 강요로 이루어지지 않습니다. 부모가 함께 규칙을 중요하게 생각하고 있다는 것을 보여 주면 아이는 부모를 보며 잘못된 행동을 하지 않습니다.

부모의 좋은 습관보다 좋은 교육은 없다

자녀를 가르치는 가장 좋은 방법은 스스로 본을 보이는 것이다.

-《탈무드》

아이가 자라는 것을 지켜보면서 깜짝깜짝 놀랄 때가 있습니다. 내 걸음걸이를 가르친 적이 없는데 아이가 똑같은 모습으로 걷고 있습니다. 내가 좋아하는 음식을 똑같이 먹으라고 한 적이 없는데 아이도 좋아합니다. 나의 고지식함을 닮지 않기를 바랐는데 아이가 나와 똑같은 선택을 합니다. 유전자를 물려주었기 때문일까요? 유전자가 같은 일란성 쌍둥이도 전혀 다른 행동을 하는 것을 보면 딱히 그 이유만은 아닌 듯합니다.

어미 새가 아기 새에게 나는 법을 가르치는 것을 본 적이 있습니다. 어미 새는 '아가야, 발을 굴러라, 날개를 펼쳐라, 퍼덕여라' 하며 일일이 가르쳐 주지 않습니다. 그저 아기 새 앞에서 비행하는 모습을 보여 주고 둥지 밖으로 밀어 버립니다. 비정하고 잔인한 교육 방법입니다. 그러나 신기하게도 아기 새들은 한 번 본 어미 새의 비행 장면을 기억하고 그대로 흉내를 냅니다. 스스로 날개를 펴고 퍼덕이며 날아올라 다시 어미 새 곁으로 갑니다. 자연의 모든 동물은 이렇게 부모를 흉내 내며 살아가는 법을 배웁니다.

사람도 마찬가지입니다. 말로서 가르쳐 주는 것보다 부모가 의식하지 못하는 사이에 아이들이 보고 배우는 것이 훨씬 더 많습니다. 따라서 아이를 바르게 키우고 싶다면 부모가 평상시에 하는 행동부터 점검해 보아야 합니다.

가정의 분위기가 아이를 가르친다

많은 부모가 아이를 말로 가르치려 합니다. '예의 바르게 행동해라, 고운 말을 써라, 공부해라, 이렇게 해라, 이런 사람이 되어라' 하며 아이들에게 말합니다. 하지만 부모가 몸소 보여 주지 않는다면 그런 말들은 아무런 소용이 없습니다.

물론 부모가 매일 책을 한 권씩 읽는다고 해서 아이들도 매일 책 한 권을 읽는 것은 아니며, 부모가 바르고 고운 말만 쓴다고 해서 아이가 욕을 배우지 않는 것은 아닙니다. 그러나 부모가 꾸준히 책을 읽는 모습을 본 아이는 책을 읽는 것에 대해 거부감을 갖지 않고 자연스럽게 책을 가까이하며 독서가 재미있는 일이라는 생각을 갖게 됩니다. 그리고 부모가 상대를 존중하며 바르고 고운 말을 쓰는 것을 본 아이는 욕을 배우더라도 욕이 나쁜 것이라는 사실을 압니다. 그래서 어쩌다 욕을 하는 일이 생기더라도 곧 부끄러움을 느끼고 반성합니다. 부모의 가치관과 태도, 습관들이 아이의 행동 하나하나를 당장 바꾸지는 않더라도 인생 전체를 관통하는 중요한 기준이 되는 것입니다.

세계 문학사에서 가장 위대한 작가 중 한 사람으로 손꼽히는 토마스 만은 자신의 아버지를 떠올리며 이런 말을 했습니다.

"부모가 보여 주는 모범이란 중요합니다. 그런데 내가 말하는 모범이란 부모의 긍정적인 가르침이 아닙니다. 그 집안의 분위기입니다."

아이가 괜찮은 인생을 살게 될지, 아닐지는 부모의 가르침에 달려 있지 않습니다. 인생을 살아가는 부모의 태도와 실천에 달려 있습니다.

아이는 말이 아니라 행동을 보고 배운다

여섯 명의 자녀가 모두

미국 하버드 대학과 예일 대학을 졸업하고, 그 가운데 첫째 아들과 셋째 아들이 오바마 행정부의 차관보급에 임명되어 한국에서도 큰 화제를 모았던 사회학자 전혜성 박사는 미국에 살면서 가장 풍족하게 갖추고 살던 것이 '책상'이라고 말합니다. 그녀는 한 번도 '공부해라'는 말을 해 본 적이 없다고 합니다. 공부가 싫어 도망치는 아이를 억지로 끌어다 앉힌 적도 없을뿐더러 성적이 떨어져도 꾸짖은 적이 없답니다. 공부하는 분위기가 갖춰져 있으면 언제든 다시 의욕을 불태울 수 있다고 생각했기 때문입니다. 그 대신 집안 곳곳에 책상을 여러 개 두고 어디든 앉아 책만 펼치면 공부할 수 있도록 했습니다. 그리고 부모가 먼저 책상 앞에 머물며 공부하는 모습을 자주 보여 주었다고 합니다. 공부하는 일이 밥 먹는 것처럼 익숙해지길 바랐기 때문입니다. 그래서인지 아이들은 글을 배우기 전부터 책상에 앉아 부모가 책 읽는 모습을 흉내 내기도 하고 책 선물을 받으면 기뻐하고 학습지며 숙제도 게으름을 피우거나 미룬 적이 없답니다. 집에 돌아오면 숙제와 공부를 끝마쳐야 놀 수 있다는 가족의 원칙이 얼마나 잘 지켜졌는지, 온 동네에 전혜성 박사의 집에 가면 무조건 숙제를 하고 공부를 한다는 소문이 날 정도였다고 합니다.

부모는 아이들이 세상에서 처음으로 만나는 사람들입니다. 아이들은 부모를 통해 세상을 배우고 살아가는 법을 익혀 나갑니다. 사람에 의해 길러진 동물들이 사람을 부모로 생각하고 행동하는 것처럼, 부모의 영향력은 부모가 생각하는 것보다 훨씬 강력할 수 있습니다. 아이에게 무엇을 더 가르치려고 하기 전에 아이가 나를 어떻게 바라볼지를 한 번 더 생각하고 행동해야 합니다.

공자는 '자기 처신이 바르면 명령하지 않아도 행해지고, 자기 처신이 바르지 않으면 비록 명령한다 하더라도 따르지 아니한다'고 했습니다. 아이를 가르치는 일도 이와 같습니다. 아이를 변화시키는 것은 다그침도 가르침도 아닙니다. 부모가 바른 태도로 삶을 살아가면 아이의 인생관 역시 옳은 방향으로 나아갑니다.

당당한 인생은 정직 위에서만 이룰 수 있다

정직한 아이로 키우는 것이 바로 교육의 시작이다.

-존 러스킨

사람은 다른 사람과 더불어 살아가야 합니다. 그런데 다른 사람과 더불어 살아가기 위해서는 반드시 필요한 것이 있습니다. 바로 '정직'입니다. 정직하다는 것은 단순히 거짓말을 하지 않는다는 의미는 아닙니다. 그것은 자신이 지키고자 하는 가치를 어기지 않는 것이고 나의 이익을 위해 다른 사람을 희생시키거나 다른 사람의 성과를 빼앗지 않는 것입니다. 또한 잘못한 일이 있을 때 사과할 줄 아는 것이며 싫어하는 사람을 좋아하는 척하지 않고 좋아하는 사람을 배신하지 않는 일이기도 합니다. 즉 정직이란 돈독한 인간관계를 꽃 피우기 위해 필요한 밑거름 같은 것입니다. 그러므로 만약 아이가 거짓말을 한다면 즉시 바로잡아 주어야 합니다.

단, 호통을 치거나 매를 들어서는 안 됩니다. 그러면 겁먹은 아이는 또 다른 거짓말로 위기를 벗어나야 한다는 잘못된 생각을 할 수도 있습니다. 그리고 자신이 무엇을 잘못했는지 생각하지 못하고 거짓말을 들키지 않을 궁리만 하게 됩니다.

거짓말을 한 아이를 야단치는 일보다 중요한 것은 다시 거짓말을 하지 않게 만드는 것입니다. 그러기 위해서는 어떻게 부모에게 거짓말을 할 수 있느냐고 다그치는 것보다 언제든 진실을 이야기하는 것이 가장 중요하다는 사실을 말해 주고, 아이가 솔직하게 털어놓을 수 있도록 기다려 주어야 합니다. 그리고 진실을 털어놓았을 때 칭찬해 주어야 합니다. 거짓말이 나쁘다는 점을 설명하는 것은 그다음에 해도 충분합니다. 따끔하게 혼내야 한다는 생각으로 아이를 거짓말쟁이로 몰아세워서는 안 됩니다. 그 전에 아이가 왜 거짓말을 했는지 원인을 찾아 봐야 합니다.

그런데 우습게도 아이가 거짓말을 하는 원인을 찾다 보면 대부분 부모에게 잘못이 있는 경우가 많습니다. 받고 싶지 않은 전화가 왔을 때 엄마가 없다고 말하라고 시키거나, 외출하는 부모를 따라나서려는 아이에게 '침을 맞으러 가는데, 너도 침을 맞을 거냐?' 하고 협박하는 일 등이 아이들로 하여금 거짓말을 하도록 만드는 행동들입니다. 아이들이 거짓말하지 않기를 바란다면 부모가 먼저 거짓말을 하지 않아야 합니다.

아이의 거짓말은 부모에게서 비롯된다

공자의 제자 중에 증삼이란 사람이 있었습니다. 훗날 그를 높여 증자라 부릅니다.

어느 날 증자가 서재에 있는데, 시장에 가는 엄마를 따라가려고 울며 조르는 소리가 들렸습니다. 증자의 부인이 다음과 같이 말했습니다.

"따라가지 말고 집에 있으렴. 그러면 시장에 갔다 온 뒤에 돼지를 삶아 주겠다."

이 말을 들은 아들은 울음을 멈추고 집에서 기다렸습니다. 부인이 시장에 갔다가 돌아올 무렵 증자가 돼지를 삶고 있었습니다. 이를 본 부인은 놀라서 말했습니다.

"우리 살림에 어쩌자고 돼지를 삶고 있습니까?"

그러자 증자가 말했습니다.

"잘 들어 보시오. 당신이 아까 돼지를 삶아 주겠다고 약속했지 않소? 돼지를 삶아 줄 수 있는 살림이 아닌 것은 확실하오. 그러나 아이가 거짓말을 하게 되면 아이 일생을 망치게 되오. 돼지 한 마리와 아이의 일생을 바꾸겠소?"

이 말을 들은 부인은 다시는 거짓말을 하지 않았다고 합니다.

아이에게 정직함을 가르친다는 것은 말로 하는 일이 아닙니다. 부모가 먼저 정직한 생활을 해야 아이의 몸과 마음에 정직함이 스며듭니다.

고자질 vs. 정직함, 그리고 두려움

다른 사람의 잘못이나 약점을 들춰내는 것을 정직으로 착각하는 사람들이 있습니다. 그러나 참다운 정직은 남을 나처럼 아끼는 어진 마음을 실현하는 것입니다. 정직하게 사실을 말한다는 이유로 남의 잘못을 들춰내 고발하는 것은 정직이 아닙니다. 남이 스스로 잘못을 깨우칠 수 있도록 유도하는 것이 진실한 정직입니다.

《논어》에 이런 말이 나옵니다.

'군자는 남의 나쁜 점을 말하는 것을 미워하고, 하류에 있으면서 윗사람 비방하는 것을 미워하며, 용기만 있고 예가 없는 것을 미워하고, 과감하기만 하고 꽉 막힌 것을 미워한다.'

공자가 미워하는 네 가지 양상은 결국 인의예지를 지키지 못하는 것입니다. 요행히 맞히는 것은 참다운 지혜가 아니고, 불손하게 선배나 윗사람에게 덤비는 것은 참다운 용기가 아니며, 남의 잘못을 들춰내는 것은 참다운 정직이 아닙니다. 그러므로 고자질하는 아이에게는 무조건 남의 잘못을 말하는 것이 정직한 것이 아님을 알려 주어야 합니다.

　반대로 엄연히 잘못된 일인 줄 알면서도 그 사람과의 관계가 나빠지는 것이 두려워 거짓말을 하게 되는 경우도 있습니다.

　유진이는 평소 잘 따르던 사촌 언니네 집에 놀러 갔다가 언니가 이모 지갑에서 몰래 1만 원을 꺼내는 것을 보았습니다. 언니는 유진이에게 비밀이라고 말하며 그 돈으로 다음 날 아이스크림을 사 주겠다고 했습니다. 유진이는 마지못해 고개를 끄덕이기는 했지만 차마 이모 얼굴을 똑바로 볼 수가 없어서 간식도 먹지 않고 집으로 돌아왔습니다. 유진이 엄마는 즐겁게 이모 집에 놀러 갔던 아이가 시무룩한 얼굴로 돌아와 방으로 들어가 버리자 걱정이 됐습니다. 무슨 일이 있었느냐고 물어도 유진이는 아무 일도 없었다고 말할 뿐이었습니다. 그러다 저녁때가 되어서야 유진이는 엄마에게 사실을 털어놓았습니다. 언니 행동이 나쁘다고 생각은 했지만 자기를 싫어하게 될까 봐 말하지 못했다고 하면서, 제발 이모에게 말하지 말아 달라고 신신당부를 했습니다. 이야기를 다 들은 엄마는 이모에게 전화를 걸었습니다. 그리고 이모는 유진이를 거론하지 않고 딸의 잘못을 따끔하게 혼냈습니다. 며칠 시간이 흐른 뒤에 사촌 언니는 좋지 않은 모습을 보여 줘 미안하다고 유진이에게 사과했습니다.

　유진이 경우는 다행히 좋은 결말로 끝이 났지만, 그렇지 않은 경우도 많습니다. 관계가 멀어질까 봐 걱정이 되어서 참는 경우도 있지만 보복이 두려워 사실을 말하지 못하는 경우도 있기 때문입니다. 학교 폭력이 일어났을 때 대다수의 아이들이 침묵하는 것도 바로 그 이유 때문입니다. 괜히 나섰다가 피해자가 될지도 모르는 두려움이 너무나 큰 것입니다.

정직하게 산다는 것은 때로 너무나 힘든 결정을 요구합니다. 나이가 어릴 때는 거짓말만 하지 않도록 하면 되지만, 공동체의 일원이 되고 인간관계가 넓어지면 거짓말을 하지 않는 것만 강조할 수 없습니다. 다른 사람들이 어떻게 될지까지 생각해야 하는 순간들이 있기 때문입니다. 언제나 예외 없이 진실을 밝혀야 한다고 가르쳐야 할까요? 아니면 피해를 볼 것 같을 때는 그냥 숨기라고 해야 할까요?

요즘같이 아이의 안전이 걱정되는 시대에 정직함은 너무나 어려운 문제라는 생각이 듭니다. 하지만 자기 자신의 양심에 비추어 죄책감이 드는 일이라면 정직을 따르라고 가르쳐야 합니다. 양심의 가책을 느끼면서도 진실을 말하지 않은 기억은 평생 지워지지 않는 트라우마가 되어 스스로를 비겁한 사람이라 생각하게 만듭니다.

인생의 행복을 결정하는 가장 중요한 요소는 '나의 마음'입니다. 나의 마음이 떳떳하면 설사 나를 오해하고 있다고 해도 오해가 풀릴 때까지 노력하거나 기다릴 수 있습니다. 그러나 스스로를 겁쟁이라고 생각하면 오해가 생길 때마다 '난 할 수 없어' 하며 뒷걸음질 치고 도망칠 궁리만 합니다.

정직은 다른 사람 앞에서 당당하게 말하고 행동할 수 있게 만들어 주는 방패 같은 것입니다. 정직한 아이는 주눅 들지 않습니다. 그래서 더 용기 있는 삶을 살아갑니다.

이때 부모가 해야 할 가장 중요한 일은 엄마와 아빠가 항상 곁에 있을 것이고, 어떤 일이든 도와줄 것이라는 사실을 자주 일깨워 주는 일입니다. 혼자 해결할 수 없는 일은 부모에게 도와 달라고 손을 내밀 수 있도록 말입니다. 그래야 순수하고 올바른 생각을 하는 아이들이 힘든 상황에서도 정직함을 잃지 않고 당당하게 살아갈 수 있습니다.

아이의 집중력을 키우는 5가지 방법

'어찌할까, 어찌할까' 하지 않는 자는 나도 어찌할 수 없다.

—《논어》, 위령공 편 15장

하버드 의과 대학 교수 에드워드 핼로웰은 세계적으로 이름 난 성공한 사람들이 다른 사람보다 더 열심히 일한 사람이 아니라는 사실을 발견했습니다. 그들은 똑같은 시간을 일했지만 더 큰 성과를 냈습니다. 그 이유는 무엇이었을까요? 비결은 '집중력'이었습니다. 한 가지 일에 빠져들어 시간이 흐르는 줄도 모르고 즐기는 힘, 더 나은 방법이 없을까 고민하는 힘은 바로 집중력에서 나오기 때문입니다.

집중력은 인간의 잠재력을 깨워 주는 마중물입니다. 대부분의 사람들은 평생 자신이 가진 능력의 단 10퍼센트만 쓰며 살아간다고 합니다. 나머지 90퍼센트의 능력은 있는지 없는지조차 알지 못한 채 방치한다는 것입니다. 이런 잠재력을 끝까지 파고 들어 자극하고 발휘되도록 만드는 것이 바로 집중력입니다.

그런데 지금 우리는 집중력을 높이기보다 떨어뜨리기 쉬운 환경에서 살고 있습니다. 앉아서 단어 몇 개만 입력하면 수천 개의 정보를 보여 주는 인터넷이 있으니 굳이 책을 완독하고 신문을 찾아 읽을 필요가 없습니다. 또 수시로 이메일을 체크하고 전화와 문자에 응답하고 몇 초 단위로 업데이트되는 뉴스와 SNS 소식들을 챙겨야 하기 때문에 한 가지 일에 집중하기도 어렵습니다.

아이들도 마찬가지입니다. 해야 할 일이 너무나 많습니다. 학교 숙제도 해야 하고 최소한 세 군데 이상 학원도 가야 합니다. 시험 성적도 챙겨야 하고 수행 평가도 신경 써야 하며 영어도 잘해야 합니다. 또 아이나 어른이나 디지털 미디어가 쏟아 내는 시각적 자극들에 항상 노출되어 있습니다. 스마트폰 이용자들의 60퍼센트 이상이 전화나 문자가 오지 않아도 하루에 서른 번 이상 휴대 전화를 들여다본다는 설문 조사 결과가 있을 정도로 매 시간, 매 분, 매 초 우리의 뇌는 새로운 정보를 처리하고 임무를 수행하기 위해 쉴 새 없이 활동합니다. 그래서 호기심을 키우고 한 가지 생각에 집중하고 몰입하는 것이 쉽지 않습니다.

한 연구에 의하면 현대에는 아이나 어른이나 할 것 없이 모두

주의력 결핍 성향(ADT : Attention Deficit Trait)을 갖고 있을 정도로 집중력이 떨어졌다고 합니다. 더 무서운 것은 인간의 정보 처리 기능에는 한계가 있어서 한 번에 7개 이상의 정보를 동시에 처리하는 일이 반복될 경우 뇌가 스트레스를 받아 퇴행하는 현상이 나타날 수 있다는 것입니다. 그러므로 아이의 집중력을 높이고 싶다면 먼저 뇌가 쉴 수 있는 시간을 만들어 주어야 합니다.

천재들의 집중력을 높이는 방법

알베르트 아인슈타인, 아이작 뉴턴, 빌 게이츠, 스티브 잡스 등 뛰어난 업적을 이룬 천재들에게는 공통점이 있습니다. 모두 몰입에 능숙한 사람들이라는 점입니다. 그들이 했던 몰입은 특별한 것이 아닙니다. 그들은 풀리지 않는 문제나 궁금한 것이 있으면 다른 일을 하지 않고 오로지 그 생각에 집중했습니다. 아무런 아이디어가 떠오르지 않을 때는 차라리 혼자 산책을 하거나 쉬면서 뇌를 쉬게 했습니다.

몸이 쉰다고 해서 뇌의 작동이 멈추는 것은 아닙니다. 뇌는 그때까지의 정보를 바탕으로 생각을 재정리합니다. 새로운 정보를 받아들이는 것을 멈추고 기존의 생각을 변형하고 재조합하며 낯선 시도들을 해 보는 것입니다. 그럼으로써 생각의 깊이를 더하고 창의적인 아이디어를 떠올리기도 합니다.

특히 공부는 양이 아니라 질이 중요합니다. 들인 시간보다 그 시간을 어떻게 활용했느냐에 따라 결과가 달라집니다. 일명 '공부의 신'이라 불리는 수능 고득점 학생들 이야기를 들어 봐도 공부만 한 아이는 없습니다. 컴퓨터 게임을 즐긴 아이, 유명 아이돌 그룹의 팬클럽 활동을 한 아이, 소설 읽기에 빠진 아이 등 자신의 취미를 확실하게 갖고 있는 아이가 더 많았습니다. 다만, 다른 사람과 차이가 있다면 아무리 노는 것이 재미있어도 공부에 방해가 될 정도로 시간을 쏟지는 않았다는 점입니다. 그리고 공부할 때는 공부에 집중하고 놀 때는 노는 것에만 집중했습니다.

집중력은 단순히 뭔가를 오래 하는 것이 아닙니다. 단 몇 분을 투자하더라도 몸과 마음이 한 대상에 완전히 쏠려 있는 것이며, 그런 상태를 깨뜨리지 않기 위해 다른 부가적인 일들을 스스로 차단하는 능력입니다. 그렇게 되기 위해서는 몸과 마음과 뇌가 과부하에 걸리면 안 됩니다. 아무리 좋은 음식도 소화를 시키지 못한 상태에서 계속 섭취하면 독이나 마찬가지입니다. 소화시킬 시간을 충분히 주어야 몸의 기관들이 자기 기능을 하며 필요한 영양분을 고루 흡수할 수 있습니다.

주일무적(主一無適)이라는 말이 있습니다. '오직 한 가지에 집중한다'는 뜻입니다. 밥을 먹을 때는 입에 넣은 음식에 집중해야 맛을 제대로 음미할 수 있고, 축구를 할 때는 공에 집중해야 골대까지 공을 빼앗기지 않고 갈 수 있습니다. 또 공부를 할 때는 내 공부에만 집중하고, 일을 할 때는 지금 하고 있는 일에 집중해야 합니다. 맹자는 외국어를 배우려면 그 나라 시장에 가서 배우라고 말했습니다. 그래야 그 나라 말만 쓸 수 있기 때문입니다. 목표를 이루기 위해서는 주위 환경까지도 그 목표에 집중되어 있어야 합니다.

목표를 이루고 성공하는 사람은 집중하는 행위 자체를 즐깁니다. 공자는 공부할 때 자신의 상태를 이렇게 평가했습니다.

'분발하여 먹는 것도 잊고, 즐거워하여 걱정거리를 잊고, 늙음이 곧 다가오는 것도 알지 못한다.'

학문을 통해 즐거움을 터득하면 육체가 늙는 것도 슬프지 않을 만큼 충만한 기쁨이 있다는 뜻입니다. 공자의 말처럼 그 일에 집중하면 일에 의미가 생기고 재미있습니다. 그러면 일이 좋아지고 좋아하는 일을 즐겁게 하니까 성과가 올라갑니다. 다시 말해 집중력이 재미를 만들고 재미가 일을 즐겁게 만들어 성공도 할 수 있는 것입니다.

어찌할까 고민하며 집중하는 아이가 성공한다

집중력은 단순히 공부나 일을 할 때만 필요한 것이 아닙니다. 인생에도 필요합니다. 공자는 성공하려면 늘 자기 인생에 대해 '어찌할까, 어찌할까' 고민해야 한다고 말했습니다. 어떻게 사는 게 진정 가치 있는 삶인지를 스스로 고민하지 않는 사람에게 해법을 알려 준들 아무 소용이 없기 때문입니다. 그래서 제자들에게도 '분발하지 않으면 이끌어 주지 않고, 애태우지 않으면 말해 주지 않으며, 한 모퉁이를 건드릴 때 세 모퉁이로서 반응해 오지 않으면 다시 일러 주지 않는다'는 사실을 언제나 강조했습니다.

학문은 스스로 분발해서 의욕을 불태우는 사람에게만 성과가 나타납니다. '어떻게 살아갈 것인가'에 대한 고민도 스스로 집중력 있게 몰두하지 않으면 한 발짝도 나아갈 수 없습니다. 목마른 사람에게 물을 주면 효과가 바로 나타나지만 목이 마르지 않은 사람에게는 아무 의미가 없는 것처럼 말입니다. 그래서 공자는 분발해서 의욕을 보이면 그 다음 단계로 가는 길을 열어 주고, 알고 싶어서 애태우면 한 걸음 더 나가도록 유도해 주며, 완전히 소화해서 무르익을 때까지는 새로운 것을 가르쳐 주지 않는 방법으로 제자들을 가르쳤습니다.

아이를 키우는 데에도 이런 방법이 필요합니다. 아이가 세상에 대한 호기심을 키워 가며 집중할 수 있도록 부모는 적절한 동기 부여만 하며 기다려 줄 수 있어야 합니다. 그래서 아이 스스로 자기 인생에 집중할 수 있도록 만들어야 합니다.

아무리 훌륭한 선생도 스스로 공부하지 않는 사람을 가르칠 수는 없습니다. 아무리 훌륭한 도구가 있더라도 쓰고자 하는 마음이 없으면 무용지물입니다. 집중력이란 자신의 인생을 더 좋게 만들기 위한 끈질긴 노력입니다.

아이의 집중력을 기르는 다섯 가지 방법

① 해야 할 일의 우선순위를 스스로 정하게 해 주세요

스티브 잡스는 지금 중요한 일과 그렇지 않은 일을 구별하기 위해 매일 아침 거울을 보며 고민했다고 합니다. 아무리 능력이 뛰어난 사람이라고 해도 살아가며 맞닥뜨리는 모든 일을 다 처리할 수는 없습니다. 중요한 일과 중요하지 않은 일을 구분하고 정해진 시간을 효율적으로 활용하는 것이 무엇보다 필요합니다. 아이로 하여금 자신이 중요하다고 생각하는 일의 우선순위를 스스로 정하게 하면 누가 시키지 않아도 능동적으로 집중하는 습관을 가질 수 있습니다.

② 나쁜 습관을 바로잡아 주세요

아이들이 평소 좋지 않은 습관을 가지고 있거나 한 가지 일에 집중하지 못하고 산만하다면 그것을 고치도록 이끄는 것이 좋습니다. 가령 책상에 앉아 책을 보면서 다리를 떨거나 손가

락으로 연필을 돌리거나 하는 습관이 있다면 그것을 바로잡아 주는 것이 좋습니다. 그러나 주의해야 할 점은 직접 야단을 쳐서 고치려고 하면 역효과가 난다는 것입니다. 주의 깊게 관찰해 그 원인을 찾아내지 않으면 안 됩니다. 모든 것에는 원인이 있게 마련입니다. 예를 들어, 부모가 밤늦게 자고 늦게 일어나면 아이들도 그럴 수 있습니다. 또 공부방이 시끄러운 환경에 자주 노출되면 음악을 들으며 공부하는 습관이 생길 수 있습니다. 이럴 경우 그 원인을 찾아 제거해 주어야 합니다.

③ 부모도 함께 실천해야 합니다

만약 부모가 거실에서 텔레비전을 보면서 아이에게는 '방에 들어가 공부하라'고 명령한다면, 방에 들어가더라도 집중이 될 리가 없습니다. 아이가 텔레비전을 보지 않도록 하기 위해서는 부모도 보지 말아야 합니다. 그것도 참지 못하는 부모가 아이를 훌륭하게 키울 수는 없습니다. 만약 보고 싶은 프로그램이 있다면 아이와 함께 시간을 정해서 보는 것이 좋습니다.

④ 꾸준함과 성실함이 중요합니다

어떤 부모들은 아이가 시험을 앞두고 벼락치기를 하는 모습을 보며 그래도 집중력이 있어서 다행이라고 말합니다. 그러나 급한 일이 있을 때만 집중하는 것은 '가짜 집중력'입니다.

이런 식의 공부가 습관이 되면 급하지 않은 일에는 아무런 의욕도 보이지 않고 건성으로 대하게 됩니다. 이런 가짜 집중력은 인생이라는 긴 시간을 감당하지 못합니다.

⑤ 집중력을 높이는 활동을 시키세요

등산, 서예, 바둑은 집중력을 기르는 데 효과가 있습니다. 단, 주의할 것은 승부에 집착하게 만들면 오히려 해롭다는 점입니다. 그리고 아이가 좋아하는 운동이 있다면 함께 해 주세요. 좋아하는 일에 집중하는 경험은 다른 활동에서도 집중력을 발휘하게 도와줍니다.

유익한 벗과 해로운 벗을
구별할 줄 아는 아이로 키워라

이익에 따라 움직이면 원한이 많다.

－《논어》, 이인 편 12장

아이는 친구에게 많은 영향을 받습니다. 나이가 어릴수록 더욱 그러합니다. 친구가 상스러운 말을 쓴다면 우리의 자녀도 자기도 모르는 사이에 상스러운 말을 쓰게 됩니다. 친구가 불량한 아이라면 우리의 자녀도 자기도 모르는 사이에 불량해집니다. 그러므로 어떤 아이를 친구로 사귀는가는 매우 중요합니다. 물론 불량한 친구를 좋은 방향으로 이끄는 것이 가장 훌륭한 우정일 것입니다. 자기 의지가 강한 아이라면 친구가 나쁜 행동을 한다고 해도 물들지 않고 도리어 친구를 바꿀 것입니다. 그러나 아무리 자기 생각이 분명하고 바른 아이라고 해도 나쁜 영향을 주

는 사람이 계속 옆에 있으면 엄청나게 스트레스를 받고 우울해
지거나, 한순간 나쁜 길로 빠져드는 실수를 저지를 수 있습니다.

유익한 벗과 해로운 벗

―――――――――――― 벗은 행동을 같이하는 사람이기 때문에
착한 벗과 함께 있으면 자기의 착한 마음이 계발되고 악한 벗과
함께 있으면 자기의 악한 마음이 계발됩니다. 이런 이유로 부모
라면 누구나 내 아이가 인생을 살아가는 데 도움이 되는 좋은 친
구를 만나길 바랍니다. 그런데 어떤 부모들은 그런 바람이 지나
쳐서 아이들에게 '이런 친구를 사귀라'고 다그치기도 합니다.
공부 잘하는 아이와 친구가 되게 하려고 애쓰는가 하면, 권력을
가진 사람이나 유명한 사람의 자녀와 사귀라고 재촉합니다. 그
러나 이런 물질적인 조건은 친구를 사귀는 데 올바른 기준이 될
수 없습니다. 그러면 아이들은 공부 못 하는 아이, 가난한 아이,
능력 없는 부모를 가진 아이를 무시하게 됩니다. 그리고 자기 자
신의 가치도 오직 물질적인 기준으로만 평가합니다. 돈이 있을
때나 높은 자리에 있을 때는 자신만만해하고 조금만 상황이 안
좋아지면 좌절하고 비뚤어집니다. 친구를 대할 때도 나에게 이
익이 될 때는 열심히 기분을 맞춰 주다가 손해가 될 때는 바로
돌아섭니다. 진정한 친구를 사귈 수 없는 사람이 되는 것입니다.

그렇다면 어떤 친구를 사귀어야 할까요? 좋은 친구란 어떤 사람을 말하는 것일까요?

공자는 3명의 유익한 벗과 3명의 해로운 벗에 대해 이야기했습니다. 정직한 사람, 성실한 사람, 문견이 많은 사람은 유익한 벗이고, 아부하는 사람, 쉽게 굴복하는 사람, 말이 앞서는 사람은 해로운 벗입니다. 정직한 사람은 자기 양심에 따라 올곧게 살아가므로 나의 착한 본성을 일깨워 주고, 성실한 사람은 이해타산을 따지지 않는 우직함으로 나에게 귀감이 되며, 문견이 많은 사람은 생각의 폭이 넓어 외곬수가 되지 않게 도와주기 때문에 유익합니다. 반대로 아부하는 사람은 자신의 본심을 숨기고 이익을 위해 나에게 접근하고, 쉽게 굴복하는 사람은 나쁜 유혹에 쉽게 빠져 꿋꿋하게 나의 길을 가는 것을 방해하며, 말이 앞서는 사람은 자신의 행동을 합리화하는 데 급급해 진실을 왜곡하고 잘못을 나에게 떠넘기기 때문에 해롭습니다.

그런데 여기에서 해로운 벗은 고정된 존재가 아닙니다. 사람은 누구나 쉽게 굴복하고, 아부하고, 말이 앞서는 상황에 빠질 수 있습니다. 그러므로 유익한 벗과 해로운 벗으로 사람을 분류할 것이 아니라 해로운 말과 행동을 경계해야 합니다. 그래서 자신이 나쁜 모습을 보일 때는 유익한 친구의 충고를 귀 기울여 듣고, 친구가 나쁜 모습을 보일 때는 실수를 돌아볼 수 있도록 나서서 도와야 합니다.

좋은 친구란 서로의 인격을 완성하는 데 도움이 되는 사람들이기 때문입니다.

덕이 있는 사람은 반드시 이웃이 있다

어떤 친구를 만나느냐는 인생을 좌우할 만큼 중요한 문제지만, 아이들 친구 문제에 부모가 관여할 수 있는 부분은 거의 없습니다. 친구를 사귀는 주체는 아이지 부모가 아니기 때문입니다. 부모가 보기에 괜찮은 아이를 짝지어 준다고 해서 그 아이들이 친구가 되는 것은 아닙니다. 오히려 역효과만 날 수 있습니다. 부모가 할 수 있는 일은 내 아이를 순수하고 덕이 있는 아이로 키우는 것뿐입니다.

덕이 있는 사람은 다른 사람의 장점을 자랑하고 단점은 숨겨 줍니다. 재주 있는 사람을 보면 자기에게 재주 있는 것만큼이나 기뻐하고, 아름답고 훌륭한 사람을 보면 마치 자기 일처럼 좋아합니다. 그렇게 사람들로 하여금 인정받고 있다는 기쁨과 보람을 느끼게 하기 때문에 먼저 부르지 않아도 사람들이 곁에 머무르려고 합니다. 그래서 덕이 있는 사람은 외롭지 않습니다.

《성경》에는 "남에게 대접받고자 하는 대로 너희도 남에게 대접하라"는 말이 있습니다. 돈이나 힘을 이용하기 위해 사람을 사귀려 하면 비굴해질 수밖에 없고, 목적이 달성되면 그 사귐 또

한 지속되지 않습니다. 또 상대도 우리를 그런 식으로 이용하려고 할 것입니다. 바람직한 우정은 상대의 인격에 매료되어 사귀는 것입니다. 그런 좋은 인연을 맺기 위해서는 내가 먼저 사랑을 베풀고 배려하는 덕이 있는 사람이 되어야 합니다. 그래야 서로의 인생에 진정으로 도움이 되는 친구를 만날 수 있습니다.

'자생력' 있는 아이는
세상이 아무리 바뀌어도 흔들리지 않는다

자립하려는 아이가 하는 일에 참견하지 마라.

−이케다 기요히코

중학교 1학년 아이들이 토론하는 장면을 본 적이 있습니다. 자연 보호 구역을 보존할 것이냐, 개발할 것이냐에 관한 토론이었습니다. 그런데 토론을 지켜보는 내내 놀랐습니다. 미리 준비한 주제도 아니고 누가 가르쳐 준 것도 아닌데 아이들 생각이 너무나 사려 깊었기 때문입니다. 아이들은 인간 이외의 모든 생명의 권리를 배려해야 한다는 것을 알고 있었습니다. 또 무절제한 개발의 위험성과 그로 인한 피해에 대해서도 날카롭게 짚어 냈습니다. 그리고 그럼에도 불구하고 인간이 살아가기 위해서 최소한의 개발이 필요하다는 사실을 인정하고, 자연의 피해를 줄

이기 위해 어떤 대안을 마련할 수 있을지에 대해 자연스럽게 논의를 발전시켰습니다. 어른 못지않은, 아니 어른보다 훌륭한 발언도 많이 나왔습니다. 아이들의 천재성을 오히려 부모가 알지 못해 가로막고 있는 것은 아닐까 하는 생각이 들 정도였습니다. 참신한 아이디어는 이미 아이 안에 있는데 부모의 잣대로 옳고 그름을 판단하고 일방적으로 가르치고 있지는 않은가 하는 걱정이 든 것입니다.

말 잘 듣는 착한 아이로 키우지 마라

흔히 아이에게 '착한 사람이 되라'는 말을 자주 합니다. 그런데 착한 아이란 어떤 아이일까요? 가정에서는 말 잘 듣는 것을 착하다고 말합니다. 그리고 학교에서는 수업시간에 떠들지 않고 조용하게 있는 것을 착하다고 말합니다. 인식하지 못하는 사이에 우리는 어른의 말을 수용하는 아이, 자유로움보다는 규칙을 잘 지키는 아이로 자라도록 유도하고 있는 것입니다.

그러나 부모의 말, 사회의 규칙에 무조건 순종하는 것은 착한 것이 아닙니다. 착한 사람은 무조건 순종하는 사람이 아니라 자신의 생각과 감정에 따라 자발적으로 행동하되 선함을 잃지 않는 사람입니다. 아이는 꼭두각시가 아니라 자립적인 인격체여야 하기 때문입니다. 그래야 스스로 살아남을 수 있는 '자생력'을 키울 수 있습니다.

미국 국립 공원에 가면 휴지통의 손잡이가 이상하게 생긴 것을 볼 수 있습니다. 곰이 열 수 없도록 특별히 고안한 디자인이라고 합니다. 야생 곰이나 다람쥐가 사람이 먹는 음식을 쉽게 얻지 못하도록 한 것입니다. 한번 사람의 음식을 맛본 야생동물은 더 이상 스스로 먹이를 구하지 않습니다. 그렇게 되면 다시 자연으로 돌아갔을 때 그 동물은 죽을 수밖에 없습니다.

마찬가지로 '말 잘 듣는 착한 아이'는 부모의 방식으로 아이를 길들이는 것이나 다름없습니다. 그러면 아이는 의지도 없고 생각도 없는 로봇이 됩니다. 착하다는 것은 선한 양심에 따라 생각하고 행동한다는 것이지 길들여지는 것이 아닙니다. 길들여진 아이는 창의성도 개성도 자생력도 없어집니다.

한 정신과 의사가 대치동 아이들과 태릉선수촌에서 합숙하는 선수들 사이의 공통점을 연구해 발표한 적이 있습니다. 태릉선수촌과 대치동 아이들은 코치나 엄마가 하는 말을 지나치게 잘 듣고 반항기 없이 지내는 경우가 많은데, 한번 일이 잘못되면 혼자서는 재기할 엄두도 내지 못하고 스스로를 패배자로 인식해 버린다고 합니다. 아이가 부모 말을 무조건 잘 듣는 것을 칭찬만 해서는 안 됩니다.

'다양성과 자율'이 주는 놀라운 효과

-- 아이들은 성장하면서 천천
히 자신의 정체성을 만들어 갑니다. 그런데 부모가 교육이라는
명목 아래 지나치게 아이의 인생에 개입하면 아이는 내가 무엇
을 하고 싶은지, 무엇을 잘하는지도 알지 못한 채 성장하게 됩니
다. 일본 교사들 사이에는 '요코짱 신드롬'이라는 말이 유행이
라고 합니다. 아주 예쁜 아이를 '요코짱'이라고 부르는데, 어릴
때부터 모든 가족들이 '예쁘다, 착하다, 참 잘했어요' 하며 칭찬
과 기대를 쏟아 부어서 학교에서도 집에서도 자유로운 행동을
하지 못한다는 것입니다. 자발적으로 올바른 행동을 하는 게 아
니라 부모의 생각대로 조종당한 모범생인 것입니다.

그런데 말 잘 듣는 착한 아이라는 강박 관념은 행동을 제한하
는 것으로 끝나지 않습니다. 자신의 욕구를 알지도 못할뿐더러
알 생각도 하지 않는다는 심각한 문제를 일으킵니다. 부모 말에
순종하는 것이 목표가 된 아이는 커서는 다른 사람의 기대에 부
응해야 한다는 의무감을 갖습니다. 그래서 자기 정체성을 숨기
고 무조건 남에게 맞추려고 합니다. 그러면 몸과 마음이 다른 사
람에게 향합니다. 집중력도 떨어집니다. 자기 생각의 흐름을 따
라가지 못하고, '그 사람 생각이 이게 맞을까? 저게 맞을까?' 하
는 불확실한 추측에만 매달리기 때문입니다.

독일에는 '보이텔스바흐 협약(Beutelsbacher Konsens)'이라

는 것이 있다고 합니다. 보수 진영과 진보 진영의 교육자, 정치가, 연구자 등이 모여 만든 독일 정치 교육의 기본 지침입니다. 이 두 진영은 치열한 토론 끝에 정치 교육에 있어서 반드시 지켜야 할 세 가지 원칙을 세웠습니다. 첫째 강제성 금지, 둘째 논쟁 유지, 셋째 자신의 의지로 참여와 실천 독려입니다. 좌우 진영의 극단적인 대립 분위기에 휩쓸려 학생들이 아무 생각 없이 왜곡된 정치관을 갖지 않도록 제도적으로 다양성을 유지할 수 있는 장치를 만든 것입니다. 독일이 과거의 잘못을 답습하지 않고 다시 강대국의 지위를 가질 수 있었던 것도 바로 이런 다양성을 인정하는 교육 덕분이었습니다.

세계 경제를 좌지우지하는 기업들 중에서도 창조적인 집단으로 손꼽히는 조직은 개별 구성원들에게 많은 것을 요구하지 않는다는 특징이 있습니다. 그들은 구성원들에게 어디로 가는 것이 좋을지 큰 기준과 방향만 제시할 뿐 행동 하나하나를 통제하지 않습니다. 자녀 교육에도 이러한 '다양성과 자율'이 필요합니다.

들어 주고 스스로 결정하게 하라
--- 자기 의견을 자유롭게 말하고 당당하게 행동하는 사람으로 키우기 위해서는 가족과 함께 있

을 때 그렇게 할 수 있도록 분위기를 만들어 주어야 합니다. 그러기 위해서는 먼저 아이의 말에 귀를 기울여야 합니다. '아이에게 어떤 말을 해 줄까'가 아니라 '어떻게 하면 아이가 더 말을 할까'를 생각하면서 들어야 합니다.

뿐만 아니라 아이에게 자신의 문제에 대해 결정할 수 있는 권한을 주려고 노력해야 합니다. 컴퓨터 게임을 너무 많이 하는 아이와 타협 끝에 하루에 한 시간만 허용하는 것으로 결론을 냈다면, 한 시간을 언제 쓸지는 아이에게 결정하게 해야 합니다. 아이에게 해야 할 일을 구체적으로 지시하는 것이 아니라 범위를 정해 주거나 선택할 수 있는 다른 대안들을 주어서 자신에게 맞는 것을 직접 고를 수 있도록 기회를 주라는 말입니다. 그래야 자기 인생을 자신의 의지대로 결정했다는 뿌듯함을 가지고 주체적인 삶을 살 수 있습니다.

아이는 집에서 배우고 경험한 대로 실천합니다. 내 아이가 당당하고 자신감 있게 행동하고 다른 사람과 조화롭게 살아가기를 바란다면 집에서 먼저 그렇게 할 수 있도록 해야 합니다. 가정은 아이에게 연습 무대와 같습니다. 한 번도 연습해 보지 않은 일을 완벽하게 할 수 있는 사람은 없습니다.

진정으로 행복한 아이는
다른 사람을 행복하게 만들 줄 안다

도와 달라는 말을 듣고 도와주는 것은 기분 좋은 일이지만,
도움을 청하기 전에 미리 알고 도와주는 것은 삶이 좋아지는 일이다.

―칼릴 지브란

《탈무드》에 이런 이야기가 나옵니다.

어느 날 왕이 한 젊은이를 궁으로 불렀습니다. 젊은이는 자신이 무슨 잘못을 저질렀을지도 모른다는 생각에 두려웠습니다. 도저히 혼자 궁에 갈 엄두가 나지 않던 젊은이는 친구들에게 부탁을 해 보기로 했습니다.

젊은이에게는 3명의 친구가 있었습니다. 그는 늘 첫 번째 친구를 진정한 친구라고 생각했습니다. 두 번째 친구는 친하기는 하지만 진정한 친구라고는 생각하지 않았고, 세 번째 친구는 관심조차 없었습니다.

젊은이는 첫 번째 친구에게 찾아가 왕에게 함께 가 줄 수 있겠느냐고 부탁했습니다. 그런데 누구보다 소중하게 생각했던 그 친구는 잠시 고민하는 기색도 없이 단칼에 거절했습니다. 그는 실망스런 마음을 안고 두 번째 친구를 찾아갔습니다. 그러나 두 번째 친구 역시 궁 앞까지는 가 줄 수 있지만 그 이상은 어렵다고 말했습니다. 젊은이는 하는 수 없이 세 번째 친구를 찾아갔습니다. 그런데 뜻밖에도 세 번째 친구는 일 초의 망설임도 없이 이렇게 말하는 것이었습니다.

"당연히 내가 함께 가야지. 나는 자네가 아무 잘못도 하지 않았다는 것을 믿네. 만약 왕이 벌을 주려고 한다면 자네가 얼마나 선량한 사람인지 내가 잘 설명하겠네."

이 이야기에 나오는 첫 번째 친구는 '재산' 입니다. 살아 있는 동안 돈을 아무리 귀하게 여겨도 죽을 때는 가져갈 수 없다는 뜻입니다. 두 번째 친구는 '친척' 입니다. 죽을 때까지 함께할 수는 있지만 함께 죽을 수는 없습니다. 마지막으로 세 번째 친구는 '선행' 입니다. 살아 있는 동안에는 그다지 눈에 띄지도 않고 중요해 보이지도 않지만, 죽은 다음에 우리를 좋은 사람으로 오래도록 기억되게 만듭니다.

행복은 나눌 수 있는 사람이 필요하다

------------------------------ 사람들은 때때로 혼자 살아갈 수 있다는 크나큰 착각을 합니다. 혼자 밥을 먹고 혼자 여행하고 혼자 일하고 혼자 공부할 수 있으니, 인생도 얼마든지 혼자 살아갈 수 있다고요. 그러나 우리가 혼자 하고 있는 일들 뒤에는 다른 누군가의 노력과 배려가 있습니다.

혼자 밥을 먹기까지는 농사짓는 사람, 농작물을 유통하는 사람, 식재료를 판매하는 사람의 도움을 받습니다. 그리고 혼자 여행을 할 때는 교통수단과 숙박을 제공하는 사람들의 도움을 받습니다. 혼자 일하는 것도 한번 생각해 볼까요? 조직 생활이 맞지 않아 혼자 독립을 한다고 해도 관계를 맺는 방식만 다를 뿐 다른 사람들과 협력하며 일해야 합니다. 혼자 장사를 해도 손님이 있어야 하고, 혼자 공부를 해도 그 공부를 써먹을 수 있는 조직과 사람이 필요합니다. 이렇듯 사람은 다양한 연결 고리 속에서 살아갑니다.

물론 모든 사람들이 우리에게 선행을 베풀기 위해 일하는 것은 아닙니다. 하지만 연결 고리가 긴밀해질수록 삶은 편해지고 목표를 이루는 것도 수월해집니다. 이런 삶의 연결 고리들을 더욱 튼튼하게 만들어 주는 것이 바로 선한 마음과 행동을 실천하는 것입니다.

그런데 경쟁심을 부추기는 부모는 아이들에게 '다른 사람이

상처를 받든 말든 나만 잘되면 그만' 이라는 생각을 심어 줍니다. 친구는 대학 가서 사귀라고 하고, 옆집 아이와 비교하는 부모들이 그렇습니다. 또 가난한 아이와 짝꿍이 되었다고 담임 선생님에게 전화해 항의하는 부모나 아이가 보는 앞에서 다른 사람을 차별하고 무시하는 부모들 역시 아이로 하여금 그런 생각을 갖게 만듭니다. 그렇게 키운 아이는 어떻게 될까요? 부모와 똑같이 좋은 조건을 갖지 못한 사람은 무시하고 차별할 것입니다. 마음이 아니라 겉으로 드러난 모습만 보고 사람을 판단하고 보이지 않는 다른 사람들의 노고를 고마워할 줄 모를 것입니다. 그러면 아이는 성공하기 어렵습니다. 누구의 마음도 얻지 못할 테니까요.

행복해지고 싶다면 좋아하는 일을 하면 됩니다. 좋아하는 음식을 먹거나 좋아하는 장소에 가고, 좋아하는 음악을 들으면 됩니다. 그런데 그 행복을 오래 유지하고 싶다면 다른 사람과 함께 좋아하는 음식을 먹고, 좋아하는 장소에 가고, 좋아하는 음악을 들으며 더불어 행복해야 합니다. 주위 사람들도 행복한 삶을 살아야 내가 더 행복해지는 것입니다.

와튼 스쿨 조직 심리학 교수 애덤 그랜트는 자신의 책《기브 앤 테이크》에서 경쟁을 지향하는 자본주의 사회에 어울리지 않는 엄청난 반전을 이야기합니다. 성공하기 위해서는 남의 처지보다 나의 이익을 먼저 생각해야 한다는 철칙을 깨고, 자기만 아는 귀중한 정보를 조건 없이 공유하고, 자기 시간과 에너지를 다른 사람을 위해 쓰는 사람이 더 크게 성공한다는 것을 증명한 것입니다.

그는 양보하고 베푸는 사람이 뭔가 자기에게 도움이 되는 것을 얻기까지 시간이 다소 오래 걸리기는 하지만, 반드시 보상을 받는다고 말합니다. 그들은 자기 자신이 아니라 다른 사람 또는 조직 전체에 이익이 되는 것을 생각하기 때문에 이익의 폭을 넓히고 사람들로부터 무한한 신뢰를 받습니다. 그리고 진심으로 다른 사람을 도우려고 하기 때문에 주위 사람들을 자발적으로 조력자가 되게 합니다. 스스로 뚜렷한 목표만 갖고 있다면 성공할 가능성이 엄청나게 높은 것입니다. 그것도 남을 밟고 일어서야 하는 괴로움 없이 행복하게 말입니다.

남을 돕는 것이 나를 행복하게 하는 것이다

'부자 3대를 못 간다'는 말이 있습니다. 부를 쌓는 것보다 지키는 것이 더 어렵다는 말입니다. 그런데 조선시대부터 300년 가까이 부를 지켜 온 집안이 있습니다. 바로 구례 류씨 일가와 경주 최씨 일가입니다. 이들은 지역도 다르고 같은 집안도 아니었지만 모두 '배려와 나눔'을 실천하려 했다는 공통점이 있습니다.

구례의 류 부잣집 운조루에는 누구나 배고플 때 마음대로 열수 있다는 뜻의 '타인능해(他人能解)'라는 글귀가 새겨진 뒤주가 있습니다. 처음 이 글귀를 본 하인이 "쌀을 베푸는 것은 엄청난 선행인데 왜 직접 나눠 주지 않고 뒤주에서 퍼가게 하십니까?"라고 물었다고 합니다. 그러자 류이주 대감은 이렇게 말했습니다.

"쌀을 구하러 오는 사람 입장에선 창피하고 부끄럽지 않겠느냐. 구하는 사람의 자존심을 생각해야 한다."

그냥 베푸는 것이 아니라 받는 사람의 마음까지 생각한 것입니다. 또한 운조루의 굴뚝은 눈에 띄지 않게 숨겨져 있습니다. 궁핍한 사람들이 아궁이에서 피어오른 굴뚝 연기를 보고 소외감을 갖지 않도록 하기 위함이었습니다. 이런 선행 덕분에 운조루는 한국전쟁을 거치면서도 보존될 수 있었다고 합니다. 마을 사람들이 이 집은 불태우면 안 된다고 막았기 때문입니다.

경주 최 부잣집도 나눔에 있어서는 뒤지지 않았습니다. 최 부잣집은 1600년대 초반부터 1900년대 중반까지 장장 10대에 걸쳐 300년 가까이 부를 유지했는데, 그 밑바탕에는 철저하게 다른 사람을 배려하고 욕심을 절제하라 가르치는 다음과 같은 가훈이 있었습니다.

첫째, 과거를 보되 진사 이상은 하지 말 것

둘째, 재산을 모으되 만석 이상 모으지 말 것

셋째, 찾아오는 과객은 귀천을 구분하지 말고 후하게 대접할 것

넷째, 흉년에는 재산을 늘리지 말 것

다섯째, 시집온 며느리는 3년 동안 무명옷을 입을 것

여섯째, 사방 백리 안에 굶어 죽는 사람이 없도록 할 것

경주를 중심으로 사방 백리는 동으로는 감포, 동북으로는 포항, 서북으로는 영천, 남으로는 밀양에 이르는 엄청나게 넓은 지역입니다. 그런데 실제로 서기 1671년, 현종 때 큰 흉년이 들자 최국선은 과감히 곳간을 열어 굶고 있는 사람들에게 죽을 끓여 먹도록 했습니다. 지금도 죽을 쑤어 나누던 그 자리가 '활인당'이라는 이름으로 남아 있습니다. 뿐만 아니라 이후에도 3~4년에 한 번씩 흉년이 들 때마다 곳간을 열고 곡식을 나누었고, 소작료도 대폭 탕감해 주었다고 합니다.

선행은 단순히 베푸는 것에서 끝나지 않습니다. 우리의 삶에 만족감이라는 선물을 내려 줍니다. 요즘 아이들은 과거에 비해 풍족한 환경에서 자라고 있습니다. 음식이든 옷이든 장난감이든 모자람보다는 과함을 걱정해야 하는 시대입니다. 그래서 자칫 잘못하면 만족을 모르는 아이가 되기 쉽습니다. 그런데 부모와 함께 기부와 나눔을 실천하면 자신이 누리고 있는 것들에 만족할 줄 알게 됩니다. 그리고 돈이나 물건에 대한 과도한 욕심이 부끄러운 마음이라는 것을 느낍니다.

선행을 통해서 다른 사람의 처지와 마음을 배려하고 다시 자신을 되돌아보는 사회성 훈련이 저절로 이루어지는 것입니다. 물론 억지로 시켜서는 안 됩니다. 그러면 아이는 아무것도 배우지 못합니다. 선행은 부모가 먼저 시작하고 아이가 원할 때 함께 하는 것이 가장 좋습니다. 그래야 진심에서 우러난 양보와 베풂을 실천할 수 있고 선행의 기쁨을 누릴 수 있습니다.

부모의 사랑을
당연한 희생으로 여기게 하지 마라

바른 예절은 최고의 교육도 열 수 없는 문을 연다.

—클래런스 토머스

《논어》에 나오는 글입니다.

'자녀는 집에 들어와서는 효도하도록 해야 하고, 밖에 나가서
는 공경하도록 해야 하며, 침착해야 하고 미더워야 하며, 두루두
루 모두를 사랑해야 하고, 착한 아이와 사귀어야 한다. 그러고도
남는 힘이 있으면 그 힘을 가지고 글을 배우도록 해야 한다.(학
이 편 6장)'

공자는 아이들 교육에 관심이 많았습니다. 그런 공자가 학문
을 갈고 닦는 것보다 중요하게 생각했던 것이 바로 '효(孝)'입니
다. 낳아 주신 부모를 사랑하고 공경하지 못하는 사람이 어떻게

다른 사람과 조화롭게 살아갈 수 있겠느냐는 것입니다.

만약 부모에게 효도하지 않고 공부만 잘하는 아이가 있다면 반드시 문제아가 될 것이며, 효도할 줄 모르는 아이가 나중에 큰 능력을 가지게 되면 그는 그 능력으로 집안을 망치고 나라를 망치는 일을 하게 될 것입니다. 부모도 위할 줄 모르면서 남을 위한다는 것은 있을 수 없는 일이기 때문입니다.

고마움을 모르는 아이는 좋은 인간관계를 맺을 수 없다

저 역시 아이를 키우면서 유일하게 가르친 것이 바로 효도하는 습관이었습니다. 어떤 부모들은 자녀에게 효도를 가르쳐야 한다고 하면 집안 분위기가 굉장히 딱딱하고 권위적으로 변할까 봐 걱정합니다. 또 어떤 부모들은 늙어서 봉양을 받자고 아이를 공부시키는 게 아니라고 펄쩍 뛰기도 합니다. 그러나 진정한 '효(孝)'는 부모가 주는 사랑에 대한 '고마움'을 아는 것입니다.

요즘 부모들을 만나 보면 옷이나 학용품, 장난감 등을 사줄 때마다 아이가 이런 것을 너무 당연하게 생각할까 봐 걱정이 된다는 말을 많이 합니다. 일곱 살 재민이 엄마도 그런 점이 가장 걱정이었습니다.

재민이는 외동인데다 양가 부모님들에게는 첫 손주에, 결혼

안 한 삼촌과 고모들만 여럿이라 귀여움을 독차지했습니다. 재민이 방에는 엄마 아빠는 물론 할머니 할아버지와 삼촌, 고모들이 사 준 갖가지 장난감들이 가득했습니다. 처음에는 그런 넘치는 선물이 문제가 되리라고는 생각하지 않았습니다. 그런데 재민이는 애착을 갖는 장난감이 거의 없었습니다. 선물을 받아도 시큰둥한 표정이었고, 쉽게 싫증 내고 며칠 지나지 않아 새로운 것을 또 사 달라고 졸랐습니다. 그릇이 깨져서 아까워하는 엄마에게 "더 좋은 걸로 또 사면 되잖아"라고 얘기할 정도로 경제관념도 없었습니다. 조금씩 걱정스런 마음이 들던 어느 날 재민이 엄마는 아이를 데리고 친구 집에 방문하게 됐습니다. 그 집에는 예닐곱 살짜리 남자아이가 있었는데 재민이가 가지고 간 신형 로봇을 부러워하며 잠깐만 가지고 놀게 해 달라고 부탁했다고 합니다. 그러자 재민이는 "사 달라고 하면 되잖아. 너네 엄마는 이런 것도 안 사줘?"라고 하더라는 것입니다.

부모에게 받는 것을 당연하게 생각하는 아이는 자신이 풍족한 환경 속에서 자라고 있다는 사실을 알지 못합니다. 그래서 고마움도 느끼지 못하고 오히려 자기 욕구를 충족시켜 주지 않는 것을 잘못됐다고 생각합니다. 또한 자기 기준만으로 다른 사람을 평가하며 자기도 모르게 무시하고 상처를 줍니다.

이런 아이가 자라면 어떻게 될까요? 결혼할 때는 부모니까 당연히 결혼비용을 대 달라고 요구하고, 왜 집을 사 주지 않고 전세를 얻어 주냐고 원망합니다. 또 부모가 재력이 없어서 출세를 못한다고 원망하고 유학비용을 받는 것이나 사업자금을 받는 것을 당연하게 생각합니다. 그리고 이런 태도는 다른 사람에게도 그대로 나타납니다. 자신에게 조금이라도 손해가 될 것 같은 일에는 절대 나서지 않고, 다른 사람의 도움을 받기만을 바랍니다. 듣기 좋은 달콤한 말을 하는 사람만 가까이 하고 따끔하지만 유익한 조언을 해 주는 사람은 미워합니다. 이렇게 고마움을 모르고 자기중심적인 사람을 도우려는 사람이 있을까요?

《탈무드》에는 "자식에게 일하는 것을 가르치지 않는 아버지는 도둑놈이 되라고 가르치는 것과 마찬가지다"라는 말이 있습니다. 여기에 한 가지 추가하자면, 고마움을 모르는 채 그냥 두는 것 또한 아이를 도둑으로 만드는 것과 다름없다고 말할 수 있겠습니다.

돈으로 살 수 없는, 마음이 담긴 사랑을 주어라

그렇다고 고마움을 강제로 표현하게 해서는 안 됩니다. 억지로 시키면 아이들은 마음이 시켜서가 아니라 암기한 것들을 말합니다. 고마움을 느낀다는 것은 상대가 얼마나 나를 사랑하고 아꼈는지를 이해하는 일입니다. 누가 가르쳐 주어서가 아니라 스스로 깨달아야 합니다. 그러기 위해서는 부모가 돈으로 산 물질적 보상이 아니라 마음을 담은 것으로 아이에게 행복감과 안정감을 주어야 합니다.

얼마 전 한 신문에 왕따당하는 아이를 위해 캐릭터 도시락을 만들어 싸 준 엄마의 이야기가 실렸습니다. 그 엄마는 친구가 없어 외로워하는 딸을 위해 매일 새벽마다 밥과 김, 치즈, 야채로 아이들이 좋아하는 캐릭터를 만들었습니다. 엄마가 만든 포켓몬, 키티, 무민, 스누피 등은 아이들의 관심을 끌었고, 반 아이들은 딸에게 말을 걸기 시작했습니다. 당장 친구가 생기지 않았더라도 엄마의 이런 노력을 아는 아이는 좌절하지 않습니다. 언젠가는 단짝 친구가 생길 것이라고 믿고 기다릴 줄 압니다.

또 다른 사례도 있습니다. 한 신문에 소개됐던 이야기입니다.

1960년대 미국 뉴욕의 슬럼가에 사는 히스패닉계 소녀 소냐는 위기에 빠진 사람들을 구해 주는 판사가 되는 게 꿈이었습니다. 그러나 누구도 그 꿈이 이루어질 것이라고 생각하지 않았습니다. 그녀의 집은 너무나 가난했고 영어가 서툰 부모님 때문에 아홉 살 때까지 영어로 된 긴 대화조차 하지 못했기 때문입니다. 게다가 아버지가 갑자기 돌아가시는 바람에 엄마 혼자 소냐와 어린 남동생을 돌봐야 했습니다.

그러나 소냐는 집안 형편 때문에 자신이 하고 싶은 일을 못할 것이라는 생각은 전혀 하지 않았습니다. 그녀의 엄마가 가난에

굴복하는 모습을 보지 못했기 때문입니다.

소냐의 엄마는 간호보조원으로 일하며 일주일에 엿새씩 야간 근무를 했지만, 한 번도 아이들 앞에서 자신의 신세를 한탄하거나 집안일을 소홀히 한 적이 없었습니다. 바쁜 와중에도 정성껏 아이들의 아침 식사를 준비했고, 학교에서 돌아온 아이들이 먹을 수 있도록 간식도 거르지 않고 마련해 두었습니다. 또 힘들게 모은 돈으로 브리태니커 백과사전을 살 만큼 아이들 교육을 중요하게 생각했습니다. '최선을 다해 공부한다면 무슨 일이든 이룰 수 있다'는 사실을 일깨워 주고 싶었기 때문입니다. 그 덕분에 소냐는 당시 부유한 집안 출신의 백인들이 대부분이었던 프린스턴 대학에서 부족한 작문 실력 때문에 보충 수업을 받으면서도 포기하지 않고 끝까지 노력해 최우등 졸업상을 받을 수 있었습니다. 가난한 히스패닉계 여성이 아니라 한 인간으로서 당당하게 인정받으면서 말입니다.

그녀가 바로 히스패닉계 최초로 미국 연방 대법관에 임명된 소냐 소토마이요르 판사입니다. 그녀는 한 대학의 졸업 연설을 부탁받은 자리에서 지금의 자신을 있게 한 것은 어머니의 힘이었다고 말했습니다. 많은 기자들이 그녀의 어머니에게 물었습니다. 어떻게 딸을 이토록 훌륭하게 키울 수 있었느냐고요. 그러자 그녀의 어머니는 이렇게 말했습니다.

"나는 소냐가 무엇이든 해낼 거라고 믿었습니다. 그리고 그저 곁에 있었을 뿐입니다."

아이가 진심으로 감사하는 일들은 이런 것들입니다. 매일 새벽 자신을 위해 정성껏 도시락을 싸는 어머니의 고마움을 아는 아이는 공부 스트레스를 이겨 냅니다. 아픈 자신을 안고 숨이 차는 줄도 모르고 병원으로 달린 부모의 따뜻한 등을 기억하는 아이는 위험한 행동을 하지 않습니다. 설사 잘못된 선택을 했다 하더라도 다시 부모의 곁으로 돌아옵니다. 그리고 그 사랑에 보답하기 위해 자기 삶을 더욱 열심히 살아갑니다.

물론 진심을 전하는 것만으로 다 고마움을 알고 표현하는 아이가 되는 것은 아닙니다. 어릴 때부터 부모를 공경하는 습관이 몸에 배도록 이끌어 주는 것도 중요합니다. 부모가 외출할 때는 아무리 바쁜 일이 있어도 현관까지 나와 '안녕히 다녀오세요' 하고 인사를 해야 하고, 부모가 집에 돌아왔을 때도 마찬가지로 현관까지 나와 '다녀오셨어요' 하고 인사를 하도록 이끌어야 합니다. 또 아침에는 '안녕히 주무셨어요', 밤에는 '안녕히 주무세요' 하고 인사를 하도록 이끌어야 합니다.

그리고 재민이처럼 고마움을 모르는 아이라면 부모와 아이가 함께 감사 일기를 쓰는 것도 좋은 방법일 수 있습니다. 하루에 한 가지씩 고마웠던 일과 고마운 사람에 대해 써 보는 것입니다. 처음에는 자기에게 좋은 이야기를 해 준 친구, 물건을 들어 준 사람처럼 직접적인 도움을 준 사람을 쓰던 아이들도 나중에는 다른 사람들의 모습을 지켜보면서 자신이 지금 누리고 있는 것에 감사한 마음을 갖습니다.

효도를 가르치는 것은 마음이 부자인 아이를 만드는 일입니다.

어떻게 살 것인가
방황하지 않는 사람에게 미래는 없다

하늘은 스스로 돕는 자를 돕는다.

−새뮤얼 스마일스

생전 처음 가는 길을 걸어간다고 생각해 봅시다. 얼마나 조심스러울까요. 갈림길에 설 때마다 죽느냐 사느냐가 달린 중대한 고비를 맞은 것처럼 긴장되고 불안할 것입니다. 인생이 바로 그렇습니다. 부모에게나 아이에게나 삶이란 예측할 수 없는 첫 여행과 같습니다. 그런 길은 빨리 갈 수 없습니다. 빨리 가라고 재촉해서도 안 됩니다. 생각하고 또 생각한 뒤에 신중하게 한 발 한 발 내딛어야 합니다.

사람들은 여러 갈래로 나뉜 이 길을 조금이나마 안정적으로 갈 수 있는 방법은 다른 사람이 걸어간 길을 선택하는 것이라고 말합니다. 많은 사람이 지나가서 반질반질해진 길을 가면 돌부리나 가시덤불 같은 방해물들도 이미 제거됐을 것이고, 또 앞서 간 사람의 삶을 보며 자신의 앞날을 그려 볼 수도 있기 때문입니다. 그러나 안전해 보이는 길이라고 해서 변수가 없는 것은 아닙니다. 유망하다고 여겨졌던 일이 과학기술이 발달하면서 장래성 없는 일이 될 수도 있고, 평생직장이라고 생각했던 회사가 망할 수도 있습니다. 믿었던 친구에게 배신당할 수도 있고, 갑자기 몸이 아플 수도 있습니다.

아이들의 경우도 마찬가지입니다. 작년에 성공했던 입시 전략이 올해도 통할지는 알 수 없습니다. 매년 입시제도가 바뀔 때마다 전혀 새로운 길들이 펼쳐집니다. 또 일류 학교에 진학했다고 하더라도 어떤 선생님과 친구를 만나느냐에 따라 인생이 바뀌기도 합니다. 우리가 원하든 원하지 않든, 좋은 쪽이든 나쁜 쪽이든 미래를 불확실하게 만드는 변수들이 삶을 흔들어 놓는다는 말입니다. 익숙하고 안전한 삶을 살겠다고 선언해도 세상은 우리를 가만히 내버려 두지 않습니다.

우리가 할 수 있는 유일한 선택은 다른 사람들의 결정에 휩쓸려 따라가느냐, 내 갈 길을 가느냐 하는 것뿐입니다. 현명한 사람이라면 자발적이고 자율적으로 내 길을 선택해야 후회가 없다는 것을 알 것입니다.

철학적 방황을 떠나라

이제 막 대학에 입학한 신입생들을 만나 보면 새로운 환경에 무리 없이 적응하고 즐기는 학생들도 있지만, 그보다 많은 학생들이 인생의 목표를 상실한 사람처럼 의욕을 잃고 방황합니다. 초등학교 때부터 대학 진학을 위해 달려왔기 때문에 이제부터 무엇을 해야 할지 모르는 것입니다. 학교 공부에도 집중하지 못하고 친구를 사귀는 일에도 애를 먹습니다. 그러다 4학년이 되면 취업을 위해 다시 독서실로 향합니다. 일류대를 목표로 공부했던 것처럼 대기업 직원이나 공무원이 되기 위해 다시 '입시 경쟁'에 뛰어드는 것입니다. 선생으로서 이런 학생들을 볼 때마다 걱정이 됩니다. 사회가 기대하는 정해진 목표만 좇으면 목표를 이뤄도 진정한 성취감을 느끼지 못하는 경우가 많기 때문입니다. 게다가 실패했을 때 다시 일어서지 못할 정도로 좌절하기도 합니다. 한 번도 다른 길이 있다는 것을 생각하지 못했기 때문에 실패하는 것이 막다른 길이라고 생각하는 것입니다. 하지만 달리 생각하면 막다른 길은 새로운 길로 시선을 돌릴 기회입니다.

유럽에는 대학에 입학하기 전 '갭이어(Gap Year)'라는 진로 탐색 기간을 갖는 문화가 있다고 합니다. 학업을 중단하고 자신이 하고 싶은 일을 하면서 흥미와 적성을 찾는 시간입니다. 아이들은 이 기간에 봉사 활동이나 여행, 창업, 인턴십 등을 하며 앞으로 어떤 일을 할 것인지 진지하게 자신의 진로를 탐색합니다. 이 프로그램에 참여한 학생들의 경우 학업을 중도에 포기하는 비율이 현저히 낮다고 합니다. 그래서 하버드나 MIT를 비롯한 미국의 명문 대학에서는 신입생들에게 갭이어를 가질 것을 적극적으로 권한다고 합니다.

공자도 열다섯 살에 '산다는 것은 무엇인가'에 대해 진지하게 고민했습니다. 당시 공자의 집은 쉬지 않고 일을 해야 간신히 그날그날의 끼니를 해결할 수 있을 정도로 가난했습니다. 15년 동안 안 해 본 일이 없었고 생계를 위해 다른 사람과 경쟁했습니다. 그러던 어느 날 공자는 강가에 앉아 지난날을 돌아보았습니다. 바다를 향해 흘러가는 강물처럼 삶도 쉬지 않고 죽음을 향해 흘러가는데, 매일 남들과 싸워 이길 궁리만 하면서 살아가는 것이 무슨 의미가 있는가. 그는 이런 깨달음을 얻고 방황하기 시작했습니다. '어떻게 살아야 하는가, 어떻게 살아야 가치 있는 삶인가'에 대한 답을 찾기 위한 방황이었습니다. 마치 살날이 두 달밖에 남지 않은 사람처럼 절박하게 삶의 의미에 대해 생각했습니다. 그리고 그때 요, 순, 우, 탕, 문왕, 무왕, 주공 같은 사람들을 알게 되었고 배움의 길에 들어서며 비로소 인생의 목표를 정했습니다.

시련에 무너지지 않고 후회 없이 살아가기 위해서는 자기 자신에게 끊임없이 '어떻게 살아갈 것인가'라고 묻는 시간을 가져야 합니다. '가치 있는 삶이란 어떤 것이며, 나를 행복하게 하는 것은 무엇인가, 그러기 위해 앞으로 어떻게 살아갈 것인가?'라는 고민들에 자기만의 답을 찾는 시간 말입니다. 이 방황은 매우 값진 방황입니다. 인생을 점검하고 나아갈 방향을 정하는 '철학적 방황'인 셈입니다. 자기 자신을 알려면 익숙한 곳에서 벗어나 낯선 세상으로 가야 합니다. 사람의 몸이 홍역을 이겨 내면 더 건강해질 수 있듯이 철학적 방황을 거쳐야 참된 인간이 될 수 있습니다.

자기 목표를 가진 아이들은 세상이 어떻게 바뀌든 자유자재로 방향 전환을 하며 더 나은 삶을 향해 꿋꿋하게 걸어갑니다. 목표 지점에 빨리 도착하는 것보다 언젠가 그 목표를 이룰 것이라는 믿음과 의지가 더 중요하다는 것을 알기 때문입니다. 이런 아이들은 주눅 들지 않고 어디서나 당당하게 살아갑니다.

스스로 공부하는 아이를 만드는 6가지 조건

교육은 어린 시절에 이루어져야 하지만 어떤 강요도 있어서는 안 된다.
강요로 얻은 지식은 마음에 남지 않기 때문이다.
어릴 때 교육은 오락처럼 이루어져야 한다.

―플라톤

《논어》를 읽지 않은 사람이라도 이 구절은 한 번쯤 들어봤을 것입니다. 바로 학이 편 1장 '배우고 제때 그것을 익히니 또한 기쁘지 아니한가' 라는 문장입니다.

공자의 공부에는 강제란 없습니다. 공부가 밥벌이나 권력을 얻기 위한 도구가 되지도 않습니다. 다만 즐거움이 있을 뿐이었습니다. 공부든 놀이든 즐거워야 끝까지 포기하지 않고 할 수 있기 때문입니다. 그렇다면 즐기며 공부하는 아이로 키우기 위해서 부모는 무엇을 해야 할까요?

① 공부를 수단화하지 마세요

공부를 가르칠 때 가장 중요한 것은 공부를 시험을 위한 수단으로 생각하지 않도록 하는 것입니다. 시험을 잘 보기 위한 수단으로 공부를 하게 되면 공부 그 자체는 아무런 의미가 없게 됩니다. 시험이 끝난 뒤에는 잊어버려도 상관없는 것이 되고 맙니다. 의미 없는 공부는 지겹습니다. 그리고 그런 방식으로 공부하는 사람은 아무리 공부를 많이 해도 인격이 향상되지 않습니다. 공부를 많이 할수록 오히려 인간미가 없어지는 것은 바로 그런 이유 때문입니다.

수단으로 공부하는 것이 습관이 된 사람은 일이나 사랑 같은 삶의 중요한 부분들도 수단으로 생각하기 쉽습니다. 그런 사람은 월급을 받기 위한 수단으로 일을 합니다. 그러면 생각이 온통 월급에만 집중되기 때문에 일에는 애정을 쏟지 못합니다. 애정 없이 하는 일은 지겹습니다. 하루 여덟 시간이 지겹기 짝이 없고, 월급 받기까지의 한 달이 또한 지겹기 짝이 없습니다. 그런 사람은 행복한 날이 없습니다. 평생을 지겹게 보냅니다. 그리고 매사에 수동적입니다.

그러나 공부를 수단으로 삼지 않는 사람은 마음이 공부에 머물러 있기 때문에 공부가 재미있습니다. 어려운 문제를 만날수록 열정이 샘솟고 점점 더 집중력이 좋아집니다. 그런 사람은 일을 할 때도 마음이 일에 머물러 있어서 일이 재미있습니다. 그래서 적극적이고 능동적으로 일하고 능률이나 성과도 뛰어납니다. 성공할 수밖에 없는 것입니다.

내가 하는 공부와 일을 즐기면서 행복하고 재미있게 살 수 있는 바탕은 어릴 때 공부하는 자세에서 다져집니다. 공부를 수단으로 생각하지 않고 공부 그 자체에 재미를 붙일 수 있도록 이끌어 줄 때 가능한 일입니다.

② 경쟁의 방식으로 공부하지 마세요

공부를 가르칠 때 또 한 가지 주의해야 할 것은 경쟁을 부추기고 비교하지 않는 것입니다. 부모가 남과 자신을 비교하며 이기기를 바라면 아이는 더 사랑받고 칭찬받고 싶다는 욕심을 키우게 됩니다. 그러면 공부 역시 욕심을 채우기 위한 수단으로 쓰입니다. 그렇게 하는 공부는 많이 할수록 욕심이 자꾸 커집니다. 그리고 욕심이 커질수록 사람은 불행해집니다. 그만큼 삶에 대한 만족은 점점 더 떨어지기 때문입니다.

③ 자연스럽게 공부하도록 이끌어 주세요

우리의 자녀를 공부시킬 때 또 하나 주의해야 할 점은 공부를 억지로 하도록 강요하지 않아야 한다는 것입니다. 졸릴 때도 자지 않고, 피곤할 때도 쉬지 않은 채 책상 앞에 앉아서 공부를 하도록 하는 것은 좋지 않습니다. 졸릴 때는 자고 피곤할 때는 쉬어야 합니다. 억지로 하는 공부는 오래 지속할 수 없을 뿐만 아니라, 건강을 해치고 정서가 메마르는 등 여러 가지 부작용이 뒤따르게 마련입니다.

④ 공부보다 운동을 더 우선하세요

아이가 어릴 때일수록 공부보다는 운동을 더 하도록 이끌어야 합니다. 공부는 나중에 해도 되지만, 몸이 상하면 돌이키기 어렵습니다. 그러므로 아이가 어릴 때는 함께 뛰어노는 것이 가장 좋은 공부입니다. 등산이나 운동을 하면 체력이 좋아지는 것은 말할 것도 없고, 집중력이 높아지며 생활 태도도 적극적으로 바뀝니다.

⑤ 공부하라는 명령은 금물입니다

공부하라는 말은 하면 할수록 역효과가 납니다. 부모의 명령에 따라서 공부하는 것은 억지로 하는 공부입니다. 앞서 말했듯이 억지로 하는 공부는 재미가 없고 지겹습니다. 공부는 어디까지나 자발적으로 할 때만 효과가 있습니다. 부모의 강요에 의해 공부하는 자녀는 인생도 피동적으로 살아가게 됩니다.

공부하라는 말을 하지 않고 공부하도록 이끄는 방법은 여러 가지가 있겠지만, 가장 중요한 것은 부모가 책을 보며 모범을 보이는 것입니다. 부모가 조용한 분위기 속에서 끊임없이 책을 보고 공부하면 아이들은 자연스럽게 공부를 하게 됩니다. 부모는 매일 텔레비전의 볼륨을 크게 틀어 놓고 놀면서 아이들에게 방에 들어가 공부하라고 강요하면 부모와 아이 사이의 신뢰가 무너질 수 있습니다.

⑥ 나이에 맞게 가르치세요

▶초등학교 입학 전 : 지나친 조기 교육, 특히 외국어 교육은 뇌 발달이 미처 이루어지기 전에 진행되면 효과도 없을 뿐만 아니라 아이의 뇌를 과부하에 걸리게 만들어 학습 의욕을 떨어뜨릴 수 있습니다.

서울대 의과 대학 서유현 교수는 세 살까지는 감정의 뇌가 발달하는 시기이므로 감정과 정서 발달을 돕는 것이 가장 중요하고, 네 살부터 여섯 살까지는 사고와 창의력, 판단력, 인간성, 도덕성을 담당하는 전두엽이 발달하므로 인성 교육과 예절 교육을 다양하게 해 주어야 하며, 일곱 살부터 열두 살까지는 언어적 기능을 담당하는 측두엽과 수학·물리적 사고를 담당하는 두정엽이 발달하므로 한글 교육을 비롯한 다양한 읽기, 쓰기 교육을 하는 것이 적당하다고 말합니다. KAIST 정재승 교수 역시 여섯 살 이전에는 보는 것, 듣는 것 같은 감각을 처리하는 부분이 발달하기 때문에 암기 위주의 언어 교육을 하는 것은 비효율적이라고 말합니다.

아이가 유치원이나 초등학교에 다닐 때 한번 생각해 볼 수 있는 교육은 한자와 한문을 익히는 것입니다. 우리말은 상당수 한자어로 되어 있습니다. 그래서 한자를 익히면 우리말의 의미를 아는 데 도움이 되며 어휘력을 향상시킬 수 있습니다.

또 가천대 의과 대학 뇌과학연구소장인 조장희 박사의 연구 결과에 따르면, 한자 교육은 뇌 발달과 인성 발달에도 도움이 된다고 합니다. 그는 "한자는 한글과 비교해 여러 가지 다른 특성이 있다. 한자는 표기 체계에서는 표의 문자이며 철자의 규칙성이 매우 불규칙하다. 반면 한글은 표음 문자로서 철자와 음운이 잘 일치하는 특성이 있다"라고 말하며, 서로 다른 문자 체계를 읽고 의미를 처리하는 과정에서 서로 다른 부분의 뇌가 자극을 받는다고 설명했습니다.

실제로 남녀 대학생을 열두 명씩 묶어 A, B조로 나누고 두 음절짜리 한자 단어와 한글 단어를 묵독하게 했는데, 한자를 읽을 때 언어 표현 능력을 담당하는 브로카영역(Broca's area)과 정보 처리를 담당하는 방추상회부분(Fusiform Gyrus)이 더 활성화되었다고 합니다.

▶**초등학교와 중학교** : 초등학교와 중학교에 다닐 때는 너무 많은 공부를 시키지 않도록 하는 것이 중요합니다. 《주역》이라는 책의 건괘(乾卦)에 '초구는 물에 잠겨 있어야 하는 용이므

로 힘을 쓰지 않아야 한다' 라는 말이 있습니다.

우리의 자녀들은 용입니다. 훗날에 구만리 창공을 힘차게 날아야 하는 용입니다. 하늘을 날아야 하는 용은 하늘을 날 수 있는 힘을 축적하지 않으면 안 됩니다. 그래서 어릴 때는 물속에 푹 잠겨 있어야 합니다. 어릴 때 물 밖으로 나와 버리면 힘을 축적하지 못하기 때문에 훗날 하늘을 날지 못합니다. 인생은 짧지 않습니다. 사람은 단거리를 달리는 선수가 아니라 마라톤 선수입니다. 마라톤 선수는 초반전에 힘을 빼면 안 됩니다. 만약 출발하자마자 전력 질주를 해서 1등을 한다면 얼마 뒤에 힘이 빠져 기권을 하고 말 것입니다.

영화 〈말아톤〉에는 자폐가 있는 주인공 초원이가 마라톤 시합에 참가하는 장면이 나옵니다. 초원이는 출발 직후부터 있는 힘을 다해 뛰려고 합니다. 그러자 옆에서 자전거를 타고 함께 달리던 감독이 힘을 빼고 천천히 뛰라고 코치합니다.

초등학교나 중학교에 다니는 아이도 이와 같습니다. 출발 직후의 마라톤 선수들인 셈입니다. 1등을 하기 위해 모든 힘을 쏟으면 고등학교에 올라가 탈진할 수밖에 없습니다. 엄마는 아이의 마라톤 코치와 같습니다. 잠깐 1등 하고 기권하게 만드느냐, 꾸준히 결승점까지 가서 완주의 기쁨을 누리게 하느냐는 엄마의 손에 달려 있습니다.

▶**고등학교** : 아이가 고등학생일 때 부모가 해야 할 일은 적성을 찾아 주는 것입니다. 그리고 적성을 찾은 다음에는 그 분야에서 가장 뛰어난 사람이 누구인가를 찾아내야 합니다. '바둑의 급수를 빨리 높이는 제일 좋은 방법은 바둑 급수가 제일 높은 사람에게 배우는 것' 이라는 말처럼, 아이의 재능을 발전시키기 위해서는 좋은 스승에게 배울 수 있도록 도와주어야 합니다.

그런 스승이 어느 대학의 교수라면 그 대학을 목표로 공부할 수 있고, 외국에 있다면 나중에 유학을 가는 장기적인 계획도 즐겁게 세울 수 있을 것입니다. 그리고 당장 만날 수 없다면 책이나 강연 등 다른 자료를 통해서라도 아이에게 계속 자극을 주며 동기 부여를 하는 것이 중요합니다. 그래야 대학에 가서도 방황하지 않고 사회로 나가는 역량을 기르는 '진짜 공부'를 할 수 있습니다.

4장

열 살 전에, 더불어 사는 법을 가르쳐라

아이의 미래만 걱정하느라
현재를 빼앗고 있는 부모들에게

미래에 대한 진정한 아량은 현재에 모든 것을 주는 것이다.

－알베르 카뮈

어느 아메리칸 인디언 부족은 성인식 때마다 옥수수 따기 시합을 연다고 합니다. 각자 밭으로 들어가 가장 크고 잘 여문 옥수수를 따 오는 시합입니다. 다만 두 가지 규칙이 있습니다. '한 번 지나온 길을 다시 돌아갈 수 없다'와 '오직 한 개의 옥수수만 바구니에 담을 수 있다'는 것입니다.

시합이 시작되면 젊은이들은 더 큰 옥수수를 따기 위해 점점 더 밭 깊숙이 걸어 들어갑니다. 그러다 시합 종료 5분 전을 알리는 종소리가 들리면 소스라치게 놀라 눈앞에 보이는 아무 옥수수나 따 들고 헐레벌떡 밭을 빠져나옵니다. 그러다 보니 잘 자란 옥수수를 따 오는 사람이 거의 없습니다. 요리조리 재고 이것저 것 고르다가 결국 가장 크고 좋은 옥수수가 아니라 가장 마지막 에 본 옥수수를 가지고 나오는 것입니다. 조금 전 지나친 괜찮은 옥수수들을 아쉬워하면서 말입니다.

레프 톨스토이가 쓴 우화 〈사람은 얼마만큼의 땅이 필요한가〉 에도 이와 비슷한 이야기가 나옵니다.

러시아에 바흠이란 한 소작농이 살고 있었습니다. 그의 꿈은 자신의 땅을 경작하는 것이었습니다. 그는 아내와 함께 성실히 일했지만 아무리 허리끈을 졸라매도 밭 한 뙈기 살 수 없는 형편 이었습니다. 그런 그에게 어느 날 희소식이 들려왔습니다. 바시 키르인들이 사는 곳에 가서 1억 원을 내면 해가 하늘에 떠 있는 동안 자신이 밟은 땅을 몽땅 준다는 것이었습니다. 단, 해가 질 때까지 출발 지점으로 돌아오지 못하면 한 뼘의 땅도 받을 수 없 다는 게 규칙이었습니다.

그는 가까스로 돈을 구해 아내와 함께 바시키르인들이 사는 곳으로 떠났습니다. 그리고 한 뼘의 땅이라도 더 차지하겠다는 일념으로 해가 뜨는 순간부터 하루 종일 먹지도 쉬지도 않고 달 리고 또 달렸습니다. 마침내 해가 지는 순간 농부는 온통 소금버 캐를 뒤집어 쓴 채 출발 지점에 돌아왔습니다. 그러고는 너무 기 진맥진한 나머지 그 자리에 쓰러져 숨을 거두고 말았습니다. 결 국 그는 자신이 묻힐 고작 몇 평의 땅만 필요했던 것입니다.

더 크고 좋은 것을 갖겠다는 생각에 매달리면 눈앞에 있는 좋은 것을 절대 발견하지 못합니다. 더 멀리에 더 좋은 것이 있을 것만 같기 때문입니다. 그렇다면 어떻게 하면 크고 좋은 옥수수와 만족할 만큼의 넓은 땅을 가질 수 있을까요? 그 비결은 자기만의 기준을 마음속에 세우고 행동하는 것입니다.

자기만의 기준이 있는 사람은 다른 사람이 나보다 더 좋은 것을 발견할지도 모른다는 걱정과 불안에 갇히지 않습니다. 더 크고 좋아 보이는 남의 것이 아니라 내 것에 집중합니다. 그리고 스스로 이만하면 됐다고 생각하는 것을 선택합니다. 나중에 더 먼 곳에서 더 좋은 것을 만날 수도 있습니다. 다른 사람에게 뒤질 수도 있습니다. 그러나 더 많은 것, 이기는 것에만 집착하며 무턱대고 달려가기만 하면 살아생전 한 뼘의 땅도 가질 수 없었던 농부처럼 기쁨을 누릴 새도 없이 탈진할 수 있습니다.

무조건 더 많은 것을 가지려고 하는 것은 욕심입니다. 욕심은 미래만을 바라보게 합니다. 그러나 미래는 불확실한 것입니다. 특히 지금 아이들이 맞이할 미래는 더욱 그렇습니다. 그러므로 불확실한 미래만을 좇으면 현재는 불안정할 수밖에 없습니다.

지금 행복한 아이가 내일도 행복하다

10년 후에 어떤 세상이 펼

쳐질지 누구도 알지 못합니다. 1990년대만 해도 스마트폰으로 돈을 벌 수 있다는 생각을 한 사람은 없었습니다. 모바일 애플리케이션으로 십대 청소년이 백만장자가 될 수 있다는 것도 몰랐고, 소셜 네트워크로 전 세계가 연결될 수 있다는 것도 몰랐습니다. 사실 당장 내일 일어날 일조차도 우리는 알지 못합니다. 어쩌면 부모는 그것이 두려운지도 모릅니다. 아이의 인생이 어떻게 흘러갈지 예측할 수 없다는 점 말입니다. 그래서 지켜보는 안내자가 되려고 마음먹었다가도 자꾸 감독관이 되고 매니저가 되는 것입니다.

그러나 지나치게 아이의 안전만을 생각하면 아이는 늘 공포를 느끼며 살 수밖에 없습니다. 나중에 아이가 아플까 봐 온갖 종류의 예방약을 먹인다면, 아이는 스스로를 약이 없으면 살 수 없는 아픈 사람으로 인식하게 됩니다. 그리고 삶이 아니라 죽음에 대해 더 많이 생각하며 살게 됩니다.

부모는 자나 깨나 아이 걱정뿐입니다. 우리 아이가 어떤 삶을 살게 될까? 어떤 일을 하고 어떤 사람을 만나게 될까? 기대하고 걱정하는 것은 당연한 마음입니다. 그러나 걱정이 지나쳐 '우리 아이는 이런 삶을 살아야 하고, 이런 일을 해야 한다'라고 부모가 아이의 인생을 계획해 버리면 문제가 발생합니다.

계획 자체는 누가 봐도 훌륭한 프로그램으로 짜여 있을 것입니다. 그러나 그것이 정말로 아이에게 도움이 될지는 알 수 없습니다. 누누이 얘기했듯이 누구도 앞날을 예측할 수 없으니까요. 의사가 되면 잘 살 것 같아서 공부를 시켰는데 직업적 가치가 오늘날보다 떨어질 수도 있습니다. 그때 부모가 원해서 의사가 되기 위해 공부한 아이는 부모를 원망합니다. 그동안 허비한 시간이 아깝다고 하면서 말입니다. 그러나 다른 사람을 돕고 치료하는 일에 보람을 느껴 선택한 아이는 세상이 어떻게 변하든 자기 공부를 하며 근심 없이 살아갑니다.

아이의 미래를 걱정한다는 이유로 부모가 원하는 대로 계획을 짜면 아이에게서 인생을 통째로 빼앗는 것과 다름없습니다. 부모가 해야 할 일은 아이가 숙제를 할 때 조용히 집중할 수 있는 분위기를 만들어 주는 것이지 대신 해 주는 것이 아닙니다.

이기는 법만 가르치면
실패했을 때 결코 일어서지 못한다

교육의 목적은 기계를 만드는 것이 아니라, 인간을 만드는 데 있다.

－장 자크 루소

초등학생이든, 중학생이든, 고등학생이든 시험을 끝낸 아이들
이 옆자리 친구에게 던지는 질문은 비슷하다고 합니다.

"몇 개 틀렸어? 다른 애들은?"

그리고 다른 아이들이 망쳤다고 말하면 자기가 시험을 잘 봤
을 때보다 더 안심합니다. 이 시험의 목적은 자기 성장이 아니라
남을 이기는 것에 있기 때문입니다.

요즘은 미취학 유치원생들도 공부 때문에 스트레스를 받는다
고 이야기한답니다. 이 정도면 전 국민이 스트레스를 받고 있다
고 추측해도 억지가 아닐 것입니다.

시험 위주의 교육에서 나타나는 가장 큰 문제점은 학생들의 인간성이 파괴된다는 것입니다. 시험을 치는 원래의 목적은 학생 스스로가 공부해 온 내용을 잘 소화하고 있는지 자기 테스트를 하는 것입니다. 대나무가 한꺼번에 많이 자라기 위해서는 좀 자란 뒤에 마디를 만들어야 합니다. 마디는 계속 자라기 위한 수단입니다. 시험을 치는 것도 이와 같습니다. 계속 성장하기 위해서는 지금까지 성장한 것을 돌아보고 다지는 과정이 필요합니다. 그것이 시험입니다. 그러나 지금 우리의 교육 현실에서 보면 시험을 치는 목적이 친구와 나의 등수를 나누기 위한 수단입니다. 그러면 교육의 목적이 경쟁이 되고 맙니다.

남을 이기려는 욕심으로 공부하는 사람은 욕심을 채우면 행복해질 것 같지만 그렇지 않습니다. 욕심은 채울수록 커지기 마련입니다. 예를 들어 1억 원을 버는 것을 목적으로 일을 하는 사람은 1억 원을 벌면 행복할 것으로 생각하지만, 정작 1억 원을 번 순간 욕심이 커져서 10억 원을 벌고 싶어집니다. 그러면 9억 원을 더 채워야 하는 고통이 따릅니다. 즉 욕심을 채우는 방식으로 공부하는 사람은 욕심을 채울수록 더 채워야 하는 고통이 따르게 됩니다.

2010년 10월 미국 하버드 대학은 미첼 하이즈먼이 1905페이

시에 달하는 유언장을 남기고 권총으로 자살하는 사건으로 떠들썩했습니다. 당시 서른다섯 살로 심리학과에 재학 중이던 이 학생은 스스로 허무주의에 빠졌다고 유언장에서 고백했습니다. 유언장에 쓰인 각주가 1443개, 참고 문헌 리스트만 총 20페이지였고, 신을 언급한 것이 1700번, 빌헬름 니체도 200번 이상 유언장에 들어 있었습니다. 그는 '모든 선택은 동등하며 죽음을 뛰어넘는 선택은 있을 수 없다'고 밝혔습니다. 이 사건 외에도 하버드 대학에는 매해 한 건 이상 자살 사건이 발생합니다.

2011년 《월간조선》의 보도에 따르면 같은 해 미국 코넬 대학에서 6개월간 자살한 학생이 6명이나 되자 많은 사람들이 큰 충격을 받았습니다. 캠퍼스가 자랑하는 절경의 협곡에는 자살을 방지하기 위해 울타리가 세워졌고 자살 시도를 예방하려는 경찰들이 줄을 지어 서 있게 되었습니다. 매사추세츠 공과 대학(MIT)에서는 열일곱 살에서 스물두 살 사이의 자살률이 같은 나이대 미국 평균 자살률의 두 배 가까이나 되는데, 2002년에는 한국인 교포 여학생이 자신의 기숙사 방에서 분신자살한 사건이 뉴스가 됐습니다.

우리나라에서도 2011년 4월 KAIST에서 학생 4명이 연달아 자살하면서 서남표 당시 KAIST 총장이 "미국 명문대는 자살률이 더 높다"고 말한 사실이 알려져 비난을 받은 적이 있었습니다. 2000년 매사추세츠 주 일간지 〈보스턴글로브〉가 발표한 결과를 보면 하버드, 예일, 프린스턴, 스탠퍼드, 컬럼비아, 카네기 멜런 등 12개 대학교의 1990년부터 2000년까지의 자살률 중에서 MIT생의 자살률이 10년간 총 11명으로 가장 많았습니다. 특히 MIT가 가장 혹독하게 학사 운영을 했던 시기로 꼽히는 1980년대 학생들의 자살률은 10만 명당 19명에 달했습니다.

미국 일류대 학생들 정신 건강에 문제가 있다는 것은 공공연한 비밀입니다. 1986년 미국 국립 정신 건강 연구원(NIMH : National Institute of Mental Health)의 조사에 따르면 열여덟 살부터 스물네 살까지의 미국인의 35퍼센트가 일종의 정신 질환을 앓고 있는 것으로 드러났습니다. 그해에 하버드 대학 신문인 〈하버드 크림슨〉에는 '너는 미치지 않았어. 하버드에 다니고 있을 뿐이야(You're not crazy. You're just at Harvard)'라는 제목의 기사를 실었습니다. 기사는 하버드 대학 학생 가운데 심리 치료를 받으려는 학생이 급격히 증가하였다는 사실에 주목했습니다. 지금은 더 나빠졌을 수도 있습니다. 2004년 〈하버드 크림슨〉의 조사에 따르면 80퍼센트의 하버드 대학 학생이 적어도 1년에 한 번씩은 우울증을 경험한다고 합니다. 47퍼센트의 학생은 활동이 어려울 정도의 우울증을 겪은 적이 있고, 그중 10퍼센트는 자살에 대해 심각하게 생각해 본 적도 있다고 합니다.

그들은 재능이 없어서가 아니라 A보다 낮은 성적을 받아서 스스로를 가누지 못할 정도로 좌절하는 것입니다. 대학생으로서 성숙하게 되는 과정 가운데는 실패를 받아들이며 그것을 딛고 앞으로 나아가는 것도 큰 부분을 차지합니다. 학창 시절 내내 최고를 달려온 한국의 일류대 학생들에게도 마찬가지 일들이 일어나고 있습니다. 그렇다고 일류 대학이 아닌 대학에 다니는 학생들이 행복하다는 뜻은 아닙니다. 교육의 목적이 경쟁에 있다면 어디에 있든 좌절할 가능성이 더 클 수밖에 없습니다.

풍요롭게 펼쳐진 목초지가 있습니다. 누구의 소유도 아닌 '공짜' 목초지입니다. 처음에는 A라는 목장주가 공짜 목초지에 소한 마리를 풀어 놓습니다. 그러자 이튿날 B라는 목장주가 두 마리의 소를 공유지에 보냅니다. 그걸 본 A 목장주는 세 마리의 소를 보냅니다. 그런데 멀리서 이 장면을 보고 있던 C라는 목장주가 한 무리의 소떼를 공유지에 데리고 옵니다. 그러자 A와 B 목장주도 자신이 기르는 모든 소를 이끌고 와 한 마리라도 더 공유지에 넣으려고 합니다. 결국 공짜 목초지는 황폐한 흙바닥이 되고 맙니다. 남보다 더 가지려고 하고 남을 이기려고 하는 경쟁은 결국 우리가 사는 세상을 우리 자신의 손으로 망가뜨리게 만듭니다.

이기는 전략의 기본은 먼저 그 일을 좋아하는 것이다

영화 〈4등〉

에는 만년 4등만 하는 초등학생 수영선수 준호와 1등에 집착하는 엄마가 나옵니다. 엄마는 시합 때마다 1등을 해야 한다고 야단치지만 정작 준호는 등수와 상관없이 수영을 진심으로 좋아하고 즐기는 아이입니다. 그러나 엄마는 그런 마음보다 등수가 중요하다고 믿습니다. 그래서 확실하게 성적을 올려 준다는 새 코치에게 아이를 맡깁니다. 준호의 재능을 알아본 새 코치는 혹독한 훈련에 돌입합니다. 제대로 따라오지 못할 때는 폭력적인 체벌도 마다하지 않습니다. 하지만 엄마는 아들의 몸에 난 멍 자국을 보고도 코치를 막지 않습니다. 준호의 수영 성적이 월등히 좋아졌기 때문입니다. 나중에 이 사실을 알게 된 남편이 화를 내자 그녀는 말합니다. '나는 준호가 맞는 것보다 4등 하는 게 더 무서워'라고요. 준호 엄마에게 4등이란 '구린 삶'과 동일한 말이기 때문입니다. 1, 2, 3등 안에 들지 못하면 낙오자일 뿐이라고 생각하는 것입니다. 결국 준호는 폭력을 견디지 못하고 수영을 그만둡니다. 그러나 수영이 너무 하고 싶어서 다시 코치를 찾아가 묻습니다. 어떻게 하면 1등을 할 수 있느냐고요. 그러자 코치는 혼자 해낼 수 있다고 말합니다. 혼자 충분히 할 수 있으니 다른 사람 생각도 하지 말고, 다른 선수도 보지 말고 수영하고 싶은 마음만 생각하라는 것입니다. 다시 수영을 시작한 준호는 다음 시합에서 1등을 합니다. 경쟁자를 의식하지 않고 자기 실력을 믿으며 수영 자체를 온전히 즐긴 결과였습니다.

서울대병원 정신건강의학과 윤대현 교수는 '잔소리의 반대말은 우산'이라고 이야기합니다. 우리가 사는 세상은 과거보다 더 빨라지고 세련돼진 것은 분명하나 과도한 경쟁에 따른 고립과 외로움으로 감성 시스템이 지치고 과열되어 있다는 것입니다. 그래서 '잔소리와 자책'이 증가하고 있다고 합니다. 게다가 아이에 대한 지나친 집중은 불안감을 가중시킵니다. 자녀의 미래가 불안하여 끌어안고 함께 불안해하면 그 자녀는 엄마의 불안감까지 떠안아 이중의 불안감을 갖게 됩니다. 그는 자녀에게는 '불안의 소나기를 막아 줄 우산'이 필요하다고 말합니다. 그 우산 안에서 아이는 성장통을 이겨 나가며 잘 성장할 수 있다는 것입니다.

경쟁은 피할 수 없습니다. 하지만 즐기는 마음 없이 오직 이겨야 한다는 의무감만 있으면 결코 이길 수 없습니다. 다른 사람과의 차이를 통해 자신의 가치를 찾으려고 하지 말고 자기 자신 안에서 가치를 찾을 수 있을 때 우리는 성장합니다. 그리고 특별할 것 하나 없는 평범한 자신에게서 나름의 가치를 찾을 수 있어야 우리는 인생을 소모시키는 무한 경쟁에서 벗어나 특별하고 유일한 존재가 될 수 있습니다.

부모가 물려주어야 할 것은
돈이 아니라 따뜻한 마음이다

생각하는 법을 가르쳐야지 생각한 것을 가르쳐서는 안 된다.

―코르넬리우스 구를리트

최근 한 방송사가 발표한 '우리나라 청소년들이 가장 선호하는 장래 희망'에 관한 설문 조사 결과를 보고 적잖이 충격을 받았습니다. 가장 선호하는 직업 가운데 '건물주'가 있었기 때문입니다. 건물주는 '일'이 아니라 '돈'에 더 가깝습니다. '어떤 일을 하고 싶은지', '어떻게 살고 싶은지'보다 '부자가 되는 것'을 훨씬 더 중요한 가치로 두고 있는 것입니다.

얼마 전 흥사단 투명사회운동본부 윤리연구센터에서 전국 초 · 중 · 고등학생 2만 1000명을 대상으로 '10억 원을 받는다면 죄를 짓고 1년쯤 감옥에 가도 괜찮은가?'라는 설문 조사를 한 적이 있습니다. 그 결과 초등학생의 17퍼센트, 중학생의 39 퍼센트, 고등학생의 56퍼센트가 '그렇다'고 대답했다고 합니다. 돈만 많다면 범죄를 저질러도 상관없고 신체가 속박되는 것도 감수하겠다는 것입니다.

아이들만 탓할 수는 없습니다. 어쩌면 이 책임은 오롯이 어른들에게 있다고 할 수 있습니다. 성공이란 돈을 많이 버는 것이고, 그러기 위해서는 좋은 직업을 가져야 하고 또 그렇게 되기 위해서는 일류 대학에 가야 한다는 논리가 사회 전반에 깔려 있기 때문입니다. 어른들의 이런 욕심이 아이들에게 물드는 것은 당연한 일입니다. 그러나 걱정스러운 것은 그 욕심을 물려받는 과정에서 옳고 그름에 대한 고민은 사라지고 그저 쉽고 빠르게 부를 취하는 방법만을 좇게 됐다는 것입니다. 무슨 말인가 하면, 아이들은 돈이 어떤 힘을 가졌는지, 사람을 어떻게 망가뜨릴 수 있는지에 대해서는 전혀 알지 못한 채 소비력만 가지려 한다는 말입니다.

돈이 없어서가 아니라 돈만 좇아서 가난해지는 것이다

사람은 본능적으로 건강한 삶을 추구하게 되어 있습니다. 이것은 사람뿐만 아니라 모든 생명체에 공통적으로 나타나는 현상입니다. 모든 생명체는 식사를 해야 할 때가 되면 배가 고픔을 느끼고, 쉬어야 할 때가 되면 피곤함을 느끼며, 자야 할 때가 되면 졸리는 것을 느낍니다. 이러한 느낌은 우리를 삶으로 인도하기 위해 작동하는 신호입니다. 이 느낌이 왕성한 사람은 늘 삶에 충만할 수 있습니다.

그런데 사람이 도박을 할 때는 식사를 해야 할 때도 배고픔을 느끼지 못하고, 쉬어야 할 때도 피곤함을 느끼지 못하며, 자야 할 때도 졸리는 것을 느끼지 못합니다. 그래서 식사도 하지 않은 채, 밤을 새우며 피곤한 줄도 모르고 계속하다가 건강을 해치고 맙니다. 이는 돈을 따고 싶은 욕심이 본능을 차단하기 때문입니다. 그래서 욕심이 많은 사람은 건강을 잃기 쉽습니다.

또한 욕심이 많은 사람은 눈에 보이는 물질적 가치를 챙기느라 남과 경쟁합니다. 더 많이 갖기 위해서라면 부모와도 다투고 형제와도 다툽니다. 그러나 그럴수록 삶은 피폐해집니다. 몸이 병들고 가난한 이유는 돈이 아니라 아무리 채워도 부족한 욕심이기 때문입니다.

프린스턴 대학 심리학 교수 대니얼 카너먼은 돈이 많다는 것과 인생의 만족감 사이에는 별 연관성이 없다고 말합니다. 돈을 가질수록 기대치는 올라가서 더 돈이 많이 드는 쾌락을 누리고 싶어 하기 때문입니다. 그는 이런 현상을 '다람쥐 쳇바퀴론'이라고 말합니다. 점점 더 많은 돈, 점점 더 호화로운 생활, 점점 더 비싼 물건을 갖고 싶어 하는 마음은 세계 최고 갑부가 된다고 해도 결코 멈추지 않는다는 것입니다. 카너먼은 이런 쳇바퀴에서 벗어날 수 있는 유일한 방법은 가치 있는 인간관계를 맺는 것이라고 말합니다.

프랑스 경제학자 자크 아탈리도 비슷한 말을 했습니다. 그는 지금까지 '가난'이라는 단어는 '물질적인 것을 갖지 못함'을 의미했지만 앞으로는 '소속되지 못하는 것'을 의미할 것이라고 말합니다. 앞으로 다가올 세상은 한 푼이라도 더 갖거나 1점이라도 더 높이는 것이 성공을 좌우하지 않는다는 것입니다. 그보다는 내가 어떤 사람들과 얼마나 진지한 관계를 맺고 있느냐가 훨씬 더 중요하다고 그는 말합니다.

그렇다면 가치 있는 인간관계를 맺기 위해 필요한 것은 무엇일까요? 그것은 다른 사람의 마음을 헤아릴 줄 아는 마음, 다른 사람을 존중할 줄 아는 태도에 있습니다.

무엇보다 마음이 따뜻한 아이로 키워라

전혜성 박사는 아이들을 키우면서 한 번도 하버드 대학에 보내겠다고 마음먹거나 성공한 사람이 되라고 가르친 적이 없다고 합니다. 그는 부모로서 다음 세 가지 생각을 늘 마음속에 품고 살았다고 합니다.

첫째, 부모의 인생부터 제대로 세워야 한다는 것입니다. 부모가 스스로 자기 인생에 대한 답이 없다면 어떻게 아이로 하여금 인생의 목표를 추구하도록 이끌겠느냐는 말입니다. 그래서 전혜성 박사 부부는 언제나 부모의 목표를 아이들과 공유하고 치열하게 노력하는 모습을 보여 주었다고 합니다.

둘째, 아이들에게 공부를 가르치는 것보다 인생관을 세울 수 있도록 도와주는 것이 먼저라는 것입니다. 공부는 기술입니다. 기술은 목표가 분명하게 세워지면 언제든지 습득할 수 있습니다. 그러나 가치관이나 포부는 어릴 때 큰 그림을 그릴 수 있도록 도와주지 않으면 좁은 시야로 눈앞의 이익만 좇으며 살게 됩니다.

마지막으로 가장 강조한 것은 재주가 덕을 앞서지 않아야 한다는 사실입니다. 그저 공부를 잘하는 것이 중요한 게 아니라 공부를 잘해서 무엇을 할 것인가, 나뿐만 아니라 다른 사람이 함께 이로울 수 있는 길이 무엇인가를 고민하는 삶을 사는 것이 중요하다는 말입니다.

전혜성 박사는 부모가 본보기가 되어 주고 다른 사람에게 도움이 되는 일을 하는 것을 중요한 가치관으로 생각하게 가르친 것이, 자녀들이 사람들에게 사랑받는 지도자가 될 수 있던 이유라고 말합니다.

경쟁이 아니라 더불어 사는 법을 가르쳐야 하는 이유

아무리 세월이 흘러도 변하지 않는 것이 있습니다. 땅 위로 솟아 있는 나무 기둥과 가지들은 바람의 방향에 따라 이리저리 흔들리지만, 쓰러지지 않습니다. 뿌리가 단단히 지탱하고 있기 때문입니다. 사람의 삶도 그러합니다. 상황과 처지가 바뀌어도 흔들리지 않는 마음의 뿌리가 있다면 넘어져도 일어날 수 있습니다. 그 뿌리는 돈이 아닙니다. 학벌이나 명예 같은 물질적인 조건들도 아닙니다. 그 뿌리는 삶을 풍성하게 하는 정신적인 가치들입니다. 사랑, 도덕성, 예의, 효, 배려, 존중, 공감 능력 같은 것들 말입니다. 이런 가치들을 바탕으로 더불어 함께 살아갈 줄 아는 능력을 길러야, 세상이 아무리 바뀌어도 흔들림 없이 행복한 삶을 살아갈 수 있습니다.

옛날에 세 부족이 살았습니다. 한 부족은 경쟁하기를 좋아하는 성격을 가졌습니다. 그들은 가장 안전한 동굴을 찾기 위해, 가장 좋은 사냥감을 차지하기 위해 경쟁했고 일등이 모든 좋은 것을 차지하는 동안 뒤처진 사람들은 죽어 갔습니다. 시간이 갈수록 경쟁은 점점 더 격렬해졌고 결국에는 가장 영리하고 약빠르고 힘센 사람만 살아남게 되었습니다. 그러나 그는 오래지 않아 죽고 말았습니다. 누군가와 경쟁하지 않고 사는 방법을 몰랐기 때문입니다.

또 다른 부족은 혼자 살아가기를 좋아하는 부족이었습니다. 그들은 사냥도, 동굴을 찾는 일도 각자 혼자 해결했고, 위험이 닥칠 때도 오직 자기 안위만 생각했습니다. 그래서 홍수가 나거나 맹수가 공격해 올 때마다 많은 사람들이 죽었습니다. 자기 집 앞에만 제방을 쌓거나 맹수가 나타난 것을 다른 사람들에게 알려 주지 않았기 때문입니다. 그들은 극단적인 개인주의자가 됨으로써 재생산을 하지 못했고 매번 위험에 노출돼 결국 멸망하고 말았습니다.

세 번째 부족은 서로 협동하는 것을 좋아하는 부족이었습니다. 그들은 집단을 이루어 사냥을 하고 좋은 것은 나누어 더욱 발전시켰으며 위기에 처하면 함께 모여 힘을 합했습니다. 그들은 오래도록 살아남아 번영하였고 우리의 조상이 되었습니다.

－정문성,《협동학습의 이해와 실천》

교육이 아이들을 줄 세우는 수단이 되면 인격이 향상될 수 없습니다. 교육을 받을수록 지식은 늘어가지만 인간성은 점점 황폐해지게 된다는 말입니다. 초등학교 1학년 학생들을 모아 놓고 시험을 치른다면 아마도 감독관이 잠시 화장실을 다녀와도 괜찮을 것입니다. 그러나 12년간 열심히 교육을 시켜 대학생이 되면 상황은 달라집니다. 철저하게 감독하지 않으면 문제가 발생합니다. 교육이 오히려 인격을 망가뜨리고 있는 것입니다.

세상을 살면서 경쟁은 피할 수 없습니다. 그러나 남에게 이기기 위해 총력을 기울이는 사람은 늘 실패를 걱정하며 살 수밖에 없습니다. 이겼을 때의 기쁨보다는 졌을 때의 패배감이 더 강하게 마음을 짓누르기 때문입니다. 결국 남을 이기기 위한 경쟁은 아무도 함께 건널 수 없는 외나무다리 같은 아슬아슬한 인생을 아이에게 주는 셈입니다. 져도 행복할 수 있고 이겨도 불행할 수 있다는 사실을 아이들은 알아야 합니다. 그래야 남을 이기는 일에만 신경 쓰며 안달복달 살지 않게 됩니다.

우리는 경쟁에 대해 이야기할 때 자연 안에 있는 그 어떤 존재도 경쟁하지 않는 것은 없다는 예를 들곤 합니다. 물론 자연 안에서 경쟁하지 않는 존재는 없습니다. 그러나 그 어떤 존재도 서로 손을 맞잡아야 살아남을 수 있습니다.

대치동에서 나고 자랐습니다. 고등학생 때 밤늦게 학원에 데려다주시는 엄마 차에서 뛰어내리고 싶을 만큼 경쟁적인 환경이 버거웠습니다. 살아 있다는 의미의 '실존' 철학에 관심을 가진 것은 그때부터였습니다. 학창 시절처럼 투미하지 않게, 정신 똑바로 차리고 살고 싶어서 철학 공부를 시작했습니다. 늘 완벽해지고 싶었지만 그러지 못해서 미치게 괴로웠는데 철학은 제게 '더 이상 어쩌지 않아도, 존재 그 자체로 완전하고 아름답고 선하다'라고 위로해 주었습니다.

이기동 선생님과 공부하며 하염없는 눈물로 밤을 지새웠습니다. 제가 너무 소중하다는 것을 비로소 알게 되었고, 부모님이 저를 낳아 주신 것이 너무나 고마워서 눈물이 났습니다. 그리고 삶의 행복을 깨닫는 소중한 경험을 아이에게도 주고 싶어서 셋이나 낳았습니다. 하지만 낳아 놓으니 아차 싶은 순간이 많았습니다. 힘들 때는 아이들을, 남편을 비판하거나 비난하기 일쑤였습니다. 아이들은 언제나 엄마보다 더 큰 사랑을 엄마 아빠에게 주고 있는데, 산도를 빠져나올 때도 젖을 먹을 때도 엄마보다 더 큰 힘으로 삶을 헤쳐 나가고 있는데, 그 사실을 잊어버릴 때가 많았습니다. 이렇게 저처럼 때때로 지쳐 있는 엄마들에게 도움이 되고자 하는 마음으로 이 책을 엮었습니다.

이 책은 부모가 아이에게 가르쳐야 할 더불어 살아가는 방법을 알려 줍니다. 예수가 '네 이웃을 네 몸처럼 사랑하라'라고 하셨듯이, 자기가 소중한 줄 아는 아이는 다른 사람도 소중한 줄 압니다. 하지만 다른 사람 이전에 아이는 부모와 함께 사는 법을 배워야 합니다. 최초의 타자는 부모입니다. 부모와 더불어 잘 사는 법을 배운 효자(孝子)와 자식과 더불어 잘 사는 법을 배운 자모(慈母)는 경쟁적이고 비정상적인 지금의 환경을 보다 대담하게 헤쳐 나갈 수 있을 것입니다. 나만 빼고 행복한 세상은 의미가 없습니다. 마찬가지로 나만 혼자 잘나가는 불행한 세상도 의미가 없습니다. 그 사실을 깨닫는 시간이길 바랍니다. 또한 부모와 자식 간에 대화의 장을 여는 데 이 책이 도움이 되었으면 좋겠습니다.

엮은이 이원진

열 살 전에,
더불어 사는 법을 가르쳐라

초판 1쇄 발행 2016년 9월 25일
초판 8쇄 발행 2022년 7월 4일

지은이 이기동 **엮은이** 이원진

발행인 이재진 **단행본사업본부장** 신동해
교정·교열 신윤덕 **디자인** Design co＊kkiri
마케팅 최혜진 이인국 **홍보** 최새롬
제작 정석훈

브랜드 걷는나무
주소 경기도 파주시 회동길 20
문의전화 031-956-7213 (편집) 031-956-7089 (마케팅)
홈페이지 www.wjbooks.co.kr
페이스북 www.facebook.com/wjbook
포스트 post.naver.com/wj_booking

발행처 ㈜웅진씽크빅
출판신고 1980년 3월 29일 제406-2007-000046호

ⓒ 이기동 2016 (저작권자와 맺은 특약에 따라 검인을 생략합니다)
ISBN 978-89-01-21347-7 03590